**权威·前沿·原创**

皮书系列为
"十二五""十三五""十四五"时期国家重点出版物出版专项规划项目

BLUE BOOK

智 库 成 果 出 版 与 传 播 平 台

低碳发展蓝皮书

**BLUE BOOK** OF LOW-CARBON DEVELOPMENT

# 福建碳达峰碳中和报告（2022）

ANNUAL REPORT ON FUJIAN CARBON PEAK AND CARBON NEUTRALITY (2022)

国网福建省电力有限公司经济技术研究院／编

社会科学文献出版社
SOCIAL SCIENCES ACADEMIC PRESS (CHINA)

**图书在版编目（CIP）数据**

福建碳达峰碳中和报告.2022／国网福建省电力有
限公司经济技术研究院编.--北京：社会科学文献出版
社，2022.9
　（低碳发展蓝皮书）
　ISBN 978-7-5228-0484-2

　Ⅰ.①福…　Ⅱ.①国…　Ⅲ.①二氧化碳-排气-研究
报告-福建-2022　Ⅳ.①X511

中国版本图书馆 CIP 数据核字（2022）第 133364 号

**低碳发展蓝皮书**

**福建碳达峰碳中和报告（2022）**

编　　者／国网福建省电力有限公司经济技术研究院

出 版 人／王利民
责任编辑／陈凤玲
文稿编辑／李惠惠　李艳璐　刘　燕
责任印制／王京美

出　　版／社会科学文献出版社·经济与管理分社（010）59367226
　　　　　地址：北京市北三环中路甲 29 号院华龙大厦　邮编：100029
　　　　　网址：www.ssap.com.cn
发　　行／社会科学文献出版社（010）59367028
印　　装／天津千鹤文化传播有限公司

规　　格／开 本：787mm×1092mm　1/16
　　　　　印 张：16.5　字 数：244 千字
版　　次／2022 年 9 月第 1 版　2022 年 9 月第 1 次印刷
书　　号／ISBN 978-7-5228-0484-2
定　　价／128.00 元

读者服务电话：4008918866

## 《福建碳达峰碳中和报告（2022）》
## 编　委　会

# 编写单位简介

**国网福建省电力有限公司经济技术研究院**　成立于 2012 年，是国网福建省电力有限公司智库单位、福建省首批重点智库建设试点单位，长期承担能源经济、产业与政策、低碳发展、电力规划和电网工程经济技术等研究工作，内设政策与发展研究中心（碳中和研究中心）、项目策划与交流中心、能源发展研究中心、电网发展规划中心、设计评审中心、技术经济中心、市场与价格研究中心等专业研究中心，已建成"碳达峰碳中和研究实验室""能源经济与电力供需实验室""输电网规划与仿真实验室""智能配电网规划技术实验室""电力工程技术经济实验室"等支撑平台，研究人员硕博占比达 73%。研究院自成立以来，在能源经济、电网规划、产业与政策、低碳发展等方面形成了一系列有深度、有价值、有影响力的决策咨询成果，累计获得国家优质工程金奖、中国电力优质工程奖等省部级及以上奖励 22 项，牵头和参与制定技术标准 48 项，承担省部级及以上能源电力重大规划项目 15 项，咨询研究成果获得中央领导同志的批示肯定，获得国家发明专利授权 159 项，公开发表学术论文 100 余篇。

# 摘　要

《福建碳达峰碳中和报告（2022）》是国网福建省电力有限公司经济技术研究院开展碳达峰碳中和研究的成果。本书归纳、总结和梳理了2021年福建省总体碳排放情况，结合碳市场建设、碳汇增加、低碳技术发展等分析了2021年福建省控碳、减碳措施，探讨了福建省打造东南清洁能源大枢纽、发展新能源产业、构建绿色低碳循环经济的情况，从欧盟"碳边界调节机制"（CBAM）、国际碳达峰碳中和、德国电力系统发展、国外典型城市碳中和、英国和法国电力集团碳减排、全球能源短缺等国际视角分析了国际碳减排情况和相关启示，为福建省推进碳达峰碳中和目标提供智库支撑。全书分为总报告、分报告、能源治理篇、国际借鉴篇4个部分。

本书指出，在经济快速发展带动下，2019年福建省碳排放总量维持上升态势、同比增长6.4%，供能行业、制造业、居民生活和交通运输业4个行业仍是全省最大的碳排放来源，在基准场景、加速转型场景和深度优化场景下预计福建省分别于2030年、2028年和2026年实现碳达峰。2021年，福建省高度重视碳汇发展，率先建立了林长制，推出了林业碳票和碳汇基金，推出了会议碳中和、"一元碳汇"小程序、林业碳汇指数保险、"生态司法+碳汇"、碳中和机票等碳汇应用场景。2021年，福建省试点碳市场与全国碳市场并轨运行。福建省风电、光伏、核电等清洁能源快速发展，风电装机规模达735万千瓦、同比增长51.2%，光伏装机规模达277万千瓦、同比增长36.9%，核电装机规模达986万千瓦、同比增长13.2%，预计2022年福建省风电、光伏、核电仍将稳步增长，为全省碳达峰碳中和持续增强清

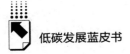
洁动力。2021 年，福建省提出推动高耗能产业节能改造、加快培育新型产业、推动产业结构绿色低碳升级等政策，明确完善碳排放的统计监测体系、加快构建低碳标准评价体系，提出加快研究海洋碳汇调查、核算方法论和持续提升生态系统碳汇能力等措施，提出以市场化手段鼓励低碳技术发展，持续深化低碳试点工作，积极探索低碳发展路径。总体来说，2021 年福建省在绿色经济、绿色交通、绿色能源、绿色金融领域迈上新台阶，绿色制造体系加快建设，新动能新产业加快发展，供给低碳化程度不断加深，终端用能清洁化水平持续提高，绿色金融共享平台加快建设，绿色金融产品陆续推出，控碳工作和控碳举措稳步推进。

能源治理是碳达峰碳中和的关键，产品碳足迹、甲烷减排等是推进碳达峰碳中和的重要补充。本书指出，福建省海上风电已勘测可开发量达 7000 万千瓦，经济技术可行的核电可装机容量达 3300 万千瓦，且福建省位于长三角、粤港澳大湾区等区域交会点，可进一步打造东南清洁能源大枢纽，以"风、光、储、氢"四轮驱动助推新能源产业升级，助力全国实现碳达峰碳中和。产品碳足迹方面，国外已有成熟应用的评价标准，中国已发布相关标准但涉及的产品种类有限，福建省尚未开展相关研究。甲烷减排方面，21世纪以来多个国家地区开始关注这类强势温室气体，其排放量约占温室气体排放量的 10%左右，2021 年开始中国从国家层面重点关注甲烷减排。

国际上关于碳减排工作已积累丰富的实践经验。本书指出，2021 年 7月，欧盟委员会正式提出 CBAM 立法草案，拟对欧盟进口的部分商品征收碳关税，该草案在一定程度上可能对国际贸易环境及福建省出口贸易结构和贸易方式产生负面影响。2021 年，全球已有 54 个国家实现碳达峰，德国在源、网、荷三侧构建了适应以新能源为主体的电力系统，阿德莱德、奥斯陆、温哥华等部分国际城市已探索城市碳中和发展路径，全球因能源转型、气温气候、经济复苏等出现能源短缺，都给福建省推进碳达峰碳中和工作带来了丰富的经验启示。

本书建议，福建省碳排放仍处于上升阶段，需以全省碳达峰行动方案编制为契机，做好顶层设计，突破能源、产业、能效三大重点领域，健全政策机制，形成"1+3+1"合力，推动高质量碳达峰，为碳中和争取有利条件。一是整体谋划"双碳"战略布局，建立健全碳达峰碳中和政策体系，加快完善绿色低碳转型发展体系，统筹推进碳达峰试点建设。二是全力推动清洁低碳发展，提升供给侧清洁化水平，提升消费侧低碳化水平，推动构建新型电力系统。三是全力推动工业率先达峰，坚决遏制"两高"盲目发展，加快传统制造业绿色转型，大力发展战略性新兴产业。四是全力推动社会绿色转型，完善节能管理机制，实施城市节能工程，加强新型基础设施节能。五是全面保障"双碳"目标落地，建立碳排放统计监测体系，探索碳足迹跟踪制度，优化监督管控体系，健全财税金融政策，完善市场化交易机制。

**关键词：** 碳达峰　碳中和　福建省

# 目　录 ⌐⊃

## Ⅰ　总报告

## Ⅱ　分报告

皮书数据库阅读使用指南

# 总 报 告

## General Report

**B.1**

# 2022年福建省碳达峰碳中和发展报告

## ——加快经济社会绿色转型，力争提前实现"双碳"目标

福建碳达峰碳中和报告课题组*

**摘　要：**　2021年，碳达峰碳中和进程加快推进，全球先后召开了6次国际会议，中国发布了碳达峰碳中和统领性文件和总行动指南，福建省也在绿色经济、绿色交通、绿色能源、绿色金融领域迈上了新台阶。经济领域，绿色制造体系加快建设，新动能新产业加快发展，工业节能深入推进；能源领域，供给低碳化程度不断加深，终端用能清洁化水平持续提高；交通领域，"电动福建"行动持续深化；金融领域，绿色金融共享平台加快建设，绿色金融产品陆续推出。但同时，福建省碳排放仍处于上升阶段。下一

---

\* 课题组组长：雷勇。课题组副组长：蔡建煌、杜翼。课题组成员：李益楠、李源非、杨悦、余栋、张思颖、陈柯任、陈思敏、陈津纯、陈冠南、陈晗、陈晚晴、林红阳、林昶咏、林晓凡、郑楠、项康利、施鹏佳、宣菊琴、蔡文悦、蔡期塬、蔡嘉炜。执笔人：雷勇，工学硕士，国网福建省电力有限公司经济技术研究院，研究方向为能源经济、电网规划、输变电工程设计；杜翼，工学硕士，国网福建省电力有限公司经济技术研究院，研究方向为能源经济、电网规划、能源战略与政策。

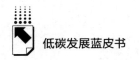

步，福建省需以全省碳达峰行动方案编制为契机，做好顶层设计，突破能源、产业、能效三大重点领域，健全长效机制，形成"1+3+1"合力，推动高质量碳达峰，为碳中和争取有利条件。

**关键词：** 碳达峰　碳中和　绿色转型

# 一　国际碳达峰碳中和情况

## （一）全球应对气候变化行动

2021年，全球各国聚焦提高应对气候变化的决心、气候适应能力与韧性、气候安全、气候变化的创新技术与经济机会等议题，多次召开国际会议，达成了《二十国集团领导人罗马峰会宣言》《格拉斯哥气候公约》等共识，明确将减少使用化石燃料，研发推广清洁技术。中国秉持"人与自然生命共同体"理念，坚持走生态优先、绿色低碳发展道路，加快构建绿色低碳循环发展的经济体系，逐步推动形成碳达峰碳中和"1+N"政策体系（见表1）。

表1　2021年国际碳达峰碳中和会议情况

| 召开时间 | 会议名称 | 会议议题或声明 | 中国表态 |
| --- | --- | --- | --- |
| 4月 | 中法德领导人气候视频峰会 | 合作应对气候变化、中欧关系、抗疫合作以及重大国际和地区问题 | 决定接受《〈蒙特利尔议定书〉基加利修正案》，加强非二氧化碳温室气体管控 |
| 4月 | 领导人气候峰会 | 各国领导人未就峰会结果发表共同声明 | 将严控煤电项目，"十四五"时期严控煤炭消费增长，"十五五"时期逐步减少煤炭消费 |
| 9月 | 第七十六届联合国大会一般性辩论 | 在应对气候变化方面加强合作，特别是加强对发展中国家的支持 | 首次提出"全球发展倡议"（GDI）和"全球发展命运共同体"，明确将大力支持其他发展中国家能源绿色低碳发展，不再新建境外煤电项目 |

续表

| 发布时间 | 会议名称 | 会议议题或声明 | 中国表态 |
|---|---|---|---|
| 10月 | 《生物多样性公约》第十五次缔约方大会（COP15） | 通过《昆明宣言》 | 将陆续发布重点领域和行业碳达峰实施方案以及一系列支撑保障措施,构建碳达峰碳中和"1+N"政策体系 |
| 10月 | 二十国集团（G20）领导人第十六次峰会 | 通过《二十国集团领导人罗马峰会宣言》,强调将扩大资金支持以满足发展中国家适应气候变化的需求 | 9月在联合国发起全球发展倡议,呼吁国际社会加快落实联合国《2030年可持续发展议程》,推动实现更加强劲、绿色、健康的全球发展 |
| 11月 | 《联合国气候变化框架公约》第二十六次缔约方大会（COP26） | 通过《格拉斯哥气候公约》、"全球甲烷承诺"、《格拉斯哥突破议程》、《中美关于在21世纪20年代强化气候行动的格拉斯哥联合宣言》和《格拉斯哥轿货车净零排放宣言》 | 陆续发布能源、工业、建筑、交通等重点领域和煤炭、电力、钢铁、水泥等重点行业的实施方案,出台科技、碳汇、财税、金融等保障措施,形成碳达峰碳中和"1+N"政策体系 |

4月16日,中法德领导人气候视频峰会召开。会议由法国总统马克龙发起。会议期间三国领导人就合作应对气候变化、中欧关系、抗疫合作以及重大国际和地区问题深入交换意见。中国决定接受《〈蒙特利尔议定书〉基加利修正案》,加强非二氧化碳温室气体管控。

4月23日至24日,领导人气候峰会以视频方式举行。峰会由美国总统拜登发起,并邀请40位国家和国际组织领导人参加。会议结束后各国领导人未就峰会结果发表共同声明。中国提出已将生态文明理念和生态文明建设写入《中华人民共和国宪法》,纳入中国特色社会主义事业总体布局,正在制定碳达峰行动计划,广泛深入开展碳达峰行动。支持有条件的地方和重点行业、重点企业率先达峰;严控煤电项目,"十四五"时期严控煤炭消费增长,"十五五"时期逐步减少煤炭消费。

9月21日至27日,第七十六届联合国大会一般性辩论在纽约联合国总部举行。100多位国家元首、政府首脑和高级代表围绕主题"锻造韧性,永怀希望",以视频或现场发言方式探讨应对气候危机之策。会议期间,在安

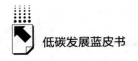

理会举行的气候与安全问题公开辩论会上，与会代表普遍赞同在应对气候变化方面加强合作，特别是加强对发展中国家的支持。中国首次提出"全球发展倡议"（GDI）和"全球发展命运共同体"，明确将大力支持其他发展中国家能源绿色低碳发展，不再新建境外煤电项目。

10月11日至15日，《生物多样性公约》第十五次缔约方大会（COP15）在中国昆明举行。来自全球近200个国家和地区的代表共同参会。本次会议主题为"生态文明：共建地球生命共同体"，是联合国首次以"生态文明"为主题召开的全球性会议。会议通过《昆明宣言》，提出进一步加强与《联合国气候变化框架公约》等现有多边环境协定的合作与协调行动，以推动陆地、淡水和海洋生物多样性的保护和恢复。中国提出将陆续发布重点领域和行业碳达峰实施方案以及一系列支撑保障措施，构建碳达峰碳中和"1+N"政策体系；同时，将持续推进产业结构和能源结构调整，大力发展可再生能源，在沙漠、戈壁、荒漠地区加快大型风电光伏基地项目的规划建设。

10月30日至31日，二十国集团（G20）领导人第十六次峰会在意大利首都罗马以线上线下相结合方式举行。二十国集团成员领导人、嘉宾国领导人及有关国际组织负责人参会。会议通过《二十国集团领导人罗马峰会宣言》，仍然承诺遵循《巴黎协定》有关"维持全球气温上升低于2℃、努力实现低于1.5℃"的总体目标，并强调将扩大资金支持以满足发展中国家适应气候变化的需求。中国呼吁国际社会加快落实联合国《2030年可持续发展议程》，推动实现更加强劲、绿色、健康的全球发展。

11月1日至13日，《联合国气候变化框架公约》第二十六次缔约方大会（COP26）在英国格拉斯哥举行。会议有近200个国家的代表参与，并汇聚了超过4万名注册与会者。会议形成了新的协议和声明。一是各国达成《格拉斯哥气候公约》。在国家自主贡献目标（NDCs）方面，要求各国在2022年举办的COP27上重新审视并加强国家自主贡献；在气候融资方面，敦促发达国家到2025年将其向发展中国家提供的气候融资在2019年基础上增加一倍；在煤炭方面，首次明确表示逐步减少使用煤炭发电、减少对化石燃料的补贴；在森林方面，约140位领导人承诺到2030年停止净森林砍伐。

二是美国和欧盟倡议并力推"全球甲烷承诺",旨在推动 2030 年全球甲烷排放总量在 2020 年的基础上削减 30%。超过 100 个国家签署了这项协议,但中国未签署。三是美国、中国、英国、印度和欧盟发起,逾 40 国领袖签署《格拉斯哥突破议程》,承诺在 10 年内推动清洁技术的研发与推广,强调支持发展中国家获取创新技术,其中关注的重点行业包括电力、交通运输、氢能、钢铁和农业等。四是中美共同发布《中美关于在 21 世纪 20 年代强化气候行动的格拉斯哥联合宣言》,就甲烷排放、脱碳、向清洁能源过渡等一系列问题商定了步骤与合作途径,是中美气候合作的里程碑式文件。五是包括比亚迪在内的六大汽车制造商签署《格拉斯哥轿货车净零排放宣言》,承诺到 2040 年只销售零排放的新能源车型。中国提出将持续推动产业结构调整,坚决遏制高耗能、高排放项目盲目发展,加快推进能源绿色低碳转型,大力发展可再生能源,规划建设大型风电光伏基地项目;陆续发布能源、工业、建筑、交通等重点领域和煤炭、电力、钢铁、水泥等重点行业的碳达峰实施方案,出台科技、碳汇、财税、金融等保障措施,形成碳达峰碳中和"1+N"政策体系,明确时间表、路线图、施工图。

## (二)主要国家和地区推进碳达峰碳中和情况

### 1. 世界各国承诺碳中和目标情况

截至 2021 年底,提出碳中和目标的国家共有 130 个,覆盖 88% 的碳排放、90% 的 GDP 和 85% 的人口。一是各国承诺性质变化。已立法的国家和地区有 14 个,相比上一年度新增了德国、葡萄牙、日本、爱尔兰等 8 个国家和地区。发布政策宣示的国家有 45 个,较上一年度增加 31 个,如巴西承诺到 2050 年实现净零排放,俄罗斯批准的温室气体低碳排放发展战略中提到将于 2060 年之前实现碳中和(见表 2)。二是世界十大煤电国家都以立法或政策宣示形式明确碳中和目标。2020 年十大煤电国家中,仅中国、日本、韩国、南非、德国等 5 个国家以立法或政策宣示形式公布碳中和目标。2021年,继美国、印度尼西亚、澳大利亚、俄罗斯明确碳中和目标后,印度在 COP26 大会上承诺 2070 年前实现碳中和,2070 年为主要国家最晚实现碳中

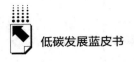

和的时间，同时也意味着十大煤电国家（约占全球煤电总量的87%）均已明确承诺碳中和目标（见表3）。

表2　2021年世界各国和地区承诺碳中和目标变化情况

| 进展变化情况 | 国家和地区 |
| --- | --- |
| 新增立法国家和地区（8个） | 德国（2045）、葡萄牙（2045）、日本（2050）、爱尔兰（2050）、韩国（2050）、加拿大（2050）、西班牙（2050）、欧盟（2050） |
| 新增发布政策宣示国家（31个） | 新加坡（2030）、马尔代夫（2030）、巴巴多斯（2030）、安提瓜和巴布达（2040）、厄瓜多尔（2050）、克罗地亚（2050）、立陶宛（2050）、乌拉圭（2050）、卢森堡（2050）、拉脱维亚（2050）、马耳他（2050）、伯利兹（2050）、摩纳哥（2050）、澳大利亚（2050）、泰国（2050）、马来西亚（2050）、越南（2050）、阿联酋（2050）、哈萨克斯坦（2050）、以色列（2050）、爱沙尼亚（2050）、安道尔（2050）、土耳其（2053）、巴西（2050）、乌克兰（2060）、斯里兰卡（2060）、俄罗斯（2060）、沙特阿拉伯（2060）、尼日利亚（2060）、巴林（2060）、印度（2070） |

注：此处欧盟是作为一个地区整体提出碳中和时间。
资料来源：能源与气候智库（ECIU）。

表3　世界十大煤电国家承诺碳中和目标时间

单位：%

| 国家 | 2019年煤电占全球比重 | 承诺碳中和时间 |
| --- | --- | --- |
| 中国 | 50.2 | 2060年 |
| 印度 | 11.0 | 2070年 |
| 美国 | 10.6 | 2050年 |
| 日本 | 3.1 | 2050年 |
| 韩国 | 2.5 | 2050年 |
| 南非 | 2.2 | 2050年 |
| 德国 | 1.9 | 2045年 |
| 俄罗斯 | 1.8 | 2060年 |
| 印度尼西亚 | 1.8 | 2060年 |
| 澳大利亚 | 1.6 | 2050年 |

资料来源：煤电数据来自全球能源监测组织（GEM），碳中和时间数据来自能源与气候智库（ECIU）。

### 2. 世界各国推进碳达峰碳中和举措

一是提高碳税征收标准。碳税指针对二氧化碳排放所征收的税。已开征碳税的国家之间税率水平差距较大，瑞典、瑞士超过100美元/吨二氧化碳当量，阿根廷、南非等国普遍低于10美元/吨二氧化碳当量，亚洲征收碳税的仅新加坡和日本两国，税率在3美元/吨二氧化碳当量左右。2021年，荷兰、卢森堡等国加入征收碳税国家的行列，爱尔兰、拉脱维亚等欧洲多国提高汽油、柴油等能源产品碳税税率，冰岛开始向进口含氟气体全面征税。① 此外，欧盟通过碳边境调节机制，预计于2026年起对水泥、钢铁、电力等碳排放量高的进口产品征税，进而达到减少进口商品中的碳含量及保护本土产业的目的。二是加快大型碳市场建设。截至2021年7月31日，全球共有26个运行中的碳市场，另外有9个碳市场正在计划实施。② 2020年欧盟碳市场筹集217.7亿美元，用于能效提升、清洁能源使用、低碳创新和工业去碳化。瑞士碳市场配额价格由12.7美元/吨二氧化碳当量提高到28.3美元/吨二氧化碳当量。三是加强碳足迹等信息披露。欧洲银行和资产管理机构明确表示将对投资和贷款所支持项目产生的碳排放进行披露。如参与中英绿色金融工作组试点的英杰华集团（AVIVA），将统计股权投资、债权投资所支持项目的碳足迹，并逐项对社会大众公开。数据显示，英杰华集团支持项目的碳足迹指数从2021年的165降到2022年的150。四是停止支持海外燃煤发电新项目。中国在第七十六届联合国大会一般性辩论上承诺不再新建境外煤电项目，是第一个做出该表态的发展中国家。G20会议各国一致表示将不再允许"没有使用碳捕集和封存技术"的国际燃煤发电厂进行公共融资。COP26上波兰、越南和智利等18个国家首次承诺，在国内外逐步淘汰燃煤发电，并停止投资新燃煤电厂。

## 二 中国碳达峰碳中和情况

### （一）全国及各省（区、市）碳排放情况

从碳排放总量看，2019年全国（不含西藏、香港、澳门和台湾，下同）

---

① 《全球碳税最新进展：覆盖更多国家 税率不断提高》，"人民资讯"百家号，2021年6月16日，https://baijiahao.baidu.com/s? id=1702685055758235129&wfr=spider&for=pc。
② 来自国际碳行动伙伴组织（ICAP）数据。

碳排放总量为 109 亿吨，① 较 2018 年上涨 3.8%。如图 1 所示，与 2018 年相比，碳排放总量较多和较少的 5 个省（区、市）均未发生变化，其中山东超过河北，排名第一，重庆排名下降 1 位至第 27 位。总体来看，各地的排名与上一年基本一致，这主要是由于能源结构和产业结构转型都是长期性的系统工程，各地碳排放情况短期内难以发生大幅度变化。

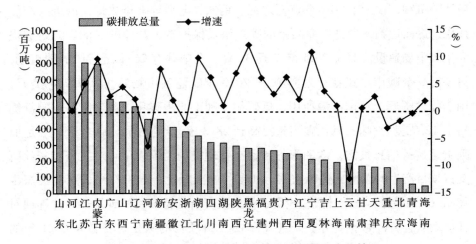

**图 1 2019 年 30 个省级行政区碳排放总量及变化情况**

资料来源：CEADs。

从碳排放强度看，2019 年全国碳排放强度为 1109 千克/万元，较 2018 年下降 4%。如图 2 所示，共有 15 个省（区、市）的碳排放强度高于全国平均值。与 2018 年相比，除云南碳排放强度减少 20% 多、排名下降 3 位以及江苏碳排放强度排名上升 3 位外，其余各地碳排放强度排名基本稳定，碳排放强度较高及较低的 5 个省市均未发生变化。

从变化趋势看，一方面，碳排放总量和碳排放强度增速较快的 5 个省区均为黑龙江、宁夏、湖北、内蒙古和新疆，且上述省区也是全国仅有的 5 个碳排放强度不降反升的省区，主要原因在于以上省区化石能源资源较为充

---

① 本报告中国及各省（区、市）碳排放相关数据均来自中国碳排放数据库（CEADs）。截至 2022 年 4 月，数据库已更新 2019 年中国及各省（区、市）碳排放数据。

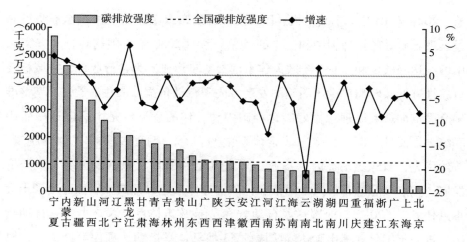

**图2 2019年30个省级行政区碳排放强度及变化情况**

资料来源：CEADs。

足、重工业在经济结构中占比较高，经济发展对化石能源依赖程度高，现阶段减排难度较大。另一方面，云南、河南、重庆、浙江、北京、青海等省市的碳排放强度降速较快，碳排放总量已经出现了负增长。其中，云南、青海等省份风、光、水资源充沛，在"双碳"愿景下，可再生能源对化石能源的替代进程加快，碳排放强度随之快速降低；北京、浙江、重庆等省市由于第二产业占比较低且呈下降趋势，经济发展与碳排放逐渐"脱钩"。考虑碳排放外部影响因素较多，在经济、人口等作用下，碳排放总量仍可能重新上涨，因此上述6个省市是否已经达峰，还需结合未来几年碳排放变化趋势进行审慎判断。总体而言，通过巩固产业结构转型和能源结构转型成效，以上省市有望超前于全国实现碳达峰目标。

## （二）中国碳达峰碳中和政策情况

### 1. 中央指示部署

自2020年习近平总书记提出碳达峰碳中和目标以来，各地区各部门都开展了积极的探索，但由于国家尚未公布总体行动方案，一度出现了目标设定过高、遏制"两高"行动乏力、节能减排基础不牢等运动式"减碳"现象。2021 年 10 月，中共中央、国务院相继发布《关于完整准确全面贯彻新发展理念做好碳达峰碳中和工作的意见》和《2030 年前碳达峰行动方案》，中国碳达峰碳中和"1+N"政策体系框架初步形成，为各行业、各领域稳妥有序推进低碳转型提供了明确的发展方向和行动依据。其中，《关于完整准确全面贯彻新发展理念做好碳达峰碳中和工作的意见》是中国碳达峰碳中和统领性文件，即"1+N"政策体系中的"1"，明确要坚持"全国统筹、节约优先、双轮驱动、内外畅通、防范风险"的基本原则，围绕宏观经济发展、重点领域减排、除汇增汇和保障支撑体系建设等四个层面提出了十大重点任务。《2030 年前碳达峰行动方案》是政策体系"N"中的总行动指南，进一步细化并提出碳达峰阶段的 43 项具体举措和 7 项保障措施，针对经济、产业、能源、交通、建筑、技术、生态等领域提出了具体的发展路径和量化目标，同时强调各地要结合自身的发展定位，科学合理制定本地区的碳达峰时间表、路线图和施工图，梯次有序推进碳达峰。

**2. 国家部委重大政策**

2021 年 5 月 26 日，碳达峰碳中和工作领导小组召开第一次全体会议，明确当前应围绕"推动产业结构优化、推进能源结构调整、支持绿色低碳技术研发推广、完善绿色低碳政策体系、健全法律法规和标准体系"等五个方面，出台具有可操作性的政策举措。

从政策出台频率看，据不完全统计，2021 年国家各部委已密集出台了十余项涉及减碳降碳的政策文件，为落实国家碳达峰碳中和目标提供了保障。如国家发改委先后发布了《关于严格能效约束推动重点领域节能降碳的若干意见》《深入开展公共机构绿色低碳引领行动促进碳达峰实施方案》等，生态环境部发布了《关于开展重点行业建设项目碳排放环境影响评价试点的通知》《关于做好全国碳排放权交易市场数据质量监督管理相关工作的通知》等。此外，2021 年 11 月 17 日国家气候战略中心主任透露，后续仍有数十项相关政策陆续出台。市场监督管理总局明确近期将制定《建立健全碳达峰碳中和标准计量体系实施方案》；生态环境部提出将编制《减污降碳协同增效实施方案》；国家能源局提出 2022 年将出台能源领域碳达峰方案。

从政策主要内容看，现有政策着重强调加快产业结构低碳转型。一方面，国家发改委明确遏制"两高"项目盲目发展是现阶段"双碳"工作的重中之重，会同工信部、国家能源局等多部委出台了石化、冶金、建材等重点行业的节能降碳行动方案；另一方面，国家发改委、国家能源局等多部委明确提出鼓励新型储能、新能源发电等低碳产业加快发展。除加快产业转型外，完善标准体系和考核机制，加强绿色金融、低碳技术等保障支撑体系建设也是当前政策的主要着力点。其中，工信部明确将针对石化化工、钢铁、有色、建材等九大重点行业制定相应的碳达峰碳中和标准；生态环境部组织试点将碳排放环境评价纳入环境评价体系；央行已正式推出碳减排支持工具，重点推动清洁能源、节能环保、碳减排技术等三大领域发展，首批发放资金达 855 亿元。[①]

## 三　福建省碳达峰碳中和态势分析

### （一）碳达峰碳中和推进情况

2021 年，以习近平生态文明思想为统领，以碳达峰碳中和为目标，持续深化生态省建设，绿色低碳发展再上新台阶。

#### 1. 绿色经济

绿色制造体系加快建设，数十家企业入选工信部 2021 年度绿色制造名单，其中绿色工厂 39 家、绿色设计产品 35 种、绿色工业园区 3 家、绿色供应链管理企业 6 家。[②] 新动能新产业加快发展，全省规模以上高技术制造业增加值同比增长 26.4%，[③] 高于全国 8.2 个百分点。工业节能深入推进，发布两批"能效领跑者"标杆企业共 9 家，建设的能耗在线监测系统已覆盖860 余家重点用能企业。

---

① 《央行已发放第一批碳减排支持工具资金 855 亿元》，中国新闻网，2021 年 12 月 31 日，https://www.chinanews.com.cn/cj/2021/12-31/9641423.shtml。

② 《2021 年度绿色制造名单公示》，中华人民共和国工业和信息化部网站，2021 年 12 月 10 日，https://www.miit.gov.cn/zwgk/wjgs/art/2021/art_ dd72802f5da447758ac6b475bb894ecc.html。

③ 《2021 年福建省国民经济和社会发展统计公报》，福建省统计局网站，2022 年 3 月 14 日，https://tjj.fujian.gov.cn/xxgk/tjgb/202203/t20220308_ 5854870.htm。

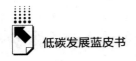

### 2. 绿色能源

能源供给低碳化程度不断加深。截至 2021 年底，水电、风电、光伏、核电等清洁能源装机容量达到 4047 万千瓦，占全省装机总容量的 58%，且持续保持新能源全额消纳，未发生弃风、弃光现象。终端用能清洁化水平持续提高，2021 年实现电能替代电量 120 亿千瓦时，有效减少了二氧化碳排放量。①

### 3. 绿色交通

"电动福建"行动持续深化。累计推广新能源汽车实车 19.99 万辆，②折合新能源汽车标准车 41.79 万辆；③ 电动船舶列入工信部高技术船舶"十四五"科研计划绿色智能沿海内河示范船项目。

### 4. 绿色金融

依托"金服云"搭建绿色金融共享平台，发布绿色金融产品 45 个。引导政策性、开发性银行与各级政府签订国家储备林意向融资计划，支持建设 573 万亩国家储备林。推广政策性森林综合险及林权抵押贷款森林综合险，合计为 8116 万亩森林提供保险保障 846 亿元。落实环保不过关"一票否决制"，2021 年累计从高耗能、高污染和高风险企业退出贷款 269.93 亿元。落地全国首笔林票质押贷款、林业碳汇预期收益权质押贷款、全国首单"碳汇指数保险"等创新产品。④

## （二）碳达峰碳中和发展形势

### 1. 福建省有责任、有条件提前实现"双碳"目标

一是福建省有责任提前实现"双碳"目标。2021 年 10 月，国务院在

---

① 本报告涉及的电力数据均来自国网福建省电力有限公司。

② 《"双碳"引路，生态福建绿意浓》，《福建日报》2021 年 12 月 19 日。

③ 不同新能源汽车车型有相应的与标准车折算比例，如插电式混合动力专用车为 0.6∶1，纯电动乘用车（续航里程<150 公里）为 0.8∶1，纯电动乘用车（续航里程≥150 公里）为 1∶1，纯电动客车为 12∶1，燃料电池乘用车为 30∶1，燃料电池客车为 50∶1。

④ 《科学减碳 精准"绿化" 福建银保监局助力碳达峰、碳中和显成效》，中国银行保险监督管理委员会福建监管局网站，2021 年 12 月 13 日，http：//www.cbirc.gov.cn/branch/fujian/view/pages/common/ItemDetail.html？docId=1023313&itemId=1104。

《2030 年前碳达峰行动方案》中明确指出，产业结构较轻、能源结构较优的地区要坚持绿色低碳发展，力争率先实现碳达峰；国家生态文明试验区要严格落实生态优先、绿色发展战略导向，在绿色低碳发展方面走在全国前列。产业能效水平较优，第二产业单位增加值能耗为330.6 千克标准煤/万元，仅为全国平均水平的 54.1%；非化石能源消费占比达 23.4%，[①] 高于全国平均水平 7.5 个百分点，且作为首个国家生态文明试验区，有责任提前达峰。

二是福建省有条件提前实现"双碳"目标。2019 年，福建省二氧化碳排放总量为 2.78 亿吨，全国正向排名第 4；碳排放强度为 656 千克/万元，仅为全国平均水平的 66.9%，在碳排放管控上成效显著。同时，福建省清洁能源资源丰富，风电、核电远景年发电量合计可达 3770 亿千瓦时，不仅能为自身绿色发展提供稳定动力，还能在季节性盈余时支援周边省份，从而带动更大区域低碳转型。此外，福建省林木和海洋资源充足，能够为除碳提供可观的碳汇储备。

**2. 福建省推进"双碳"工作需处理好两个关系**

一是处理好发展与减排的关系。福建省承担了全方位推进高质量发展超越、共建"一带一路"等重大使命，不可避免地带动能源消费和碳排放总量同步攀升。2021 年 8 月 12 日，国家发改委通报福建省上半年能源消费总量和能耗强度均为一级预警。经测算，黑色金属、有色金属、石化等高耗能行业扩张对能耗强度的提升影响占比为 44.2%，经济增长、来水减少等导致煤电多发对能耗强度的提升影响占比为 16.4%，服务业因上年同期新冠肺炎疫情，对能耗强度的提升影响占比仅为 4.8%。福建省面临"既保增长、又控碳排"的严峻挑战。

二是处理好安全与转型的关系。能源安全方面，风电、光伏发电"靠天吃饭"问题突出，随机性、间歇性特征明显。随着能源深度转型，以风电、光伏等新能源为主体将进一步加剧能源安全可靠供应的风险和挑战。产

---

① 《福建统计年鉴 2021》，中国统计出版社，2021。

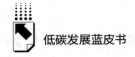
业安全方面，福建省近年来加快新能源设备产业布局，但所需的锂、钴矿等关键金属原材料进口依赖度分别达70%、99%，受外部市场产能和价格波动影响较大，需统筹考虑产业链供应链安全稳定问题。

# 四　推动提前实现"双碳"目标的对策建议

碳达峰是碳中和的前提。现阶段，碳排放仍处于上升阶段，需以全省碳达峰行动方案编制为契机，做好顶层设计，突破能源、产业、能效三大重点领域，健全政策机制，形成"1+3+1"合力，推动高质量碳达峰，为碳中和争取有利条件。

## （一）加强顶层设计，整体谋划"双碳"战略布局

一是建立健全碳达峰碳中和政策体系。尽快出台福建省碳达峰行动方案，按照国家对生态文明试验区走前列的要求，合理确定提前达峰时间，着力压降峰值水平，为实现碳中和争取时间和空间。细化出台重点领域、重点行业的实施方案，按照供电供热行业推动燃料清洁替代，黑色金属、非金属、化学原料、石油加工行业推动节能增效的思路，差异化制定转型策略，明确时间表、路线图、施工图。配套出台科技、碳汇、财税、金融等保障措施，尽快构建全省碳达峰碳中和"1+N"政策体系。

二是加快完善绿色低碳转型发展体系。强化规划引领，将碳达峰碳中和目标作为各地区各领域发展规划的边界条件之一，全面融入福建省经济社会发展中长期规划。优化区域布局，在福建省"两极两带三轴六湾区"空间开发战略中，进一步强化绿色低碳发展导向和任务要求，优化空间资源配置。凝聚转型共识，扩大绿色低碳产品供给范围，完善绿色低碳产品消费促进机制，鼓励资源循环、综合利用，推动形成全民参与的良好格局。

三是统筹推进碳达峰试点建设。支持厦门、南平等有条件的地区率先实现碳达峰，推动平潭低碳海岛建设，选择福清江阴经济开发区、厦门火炬高技术产业开发区等具有代表性和可行性的特色园区作为碳达峰试点。同时，

尽快出台福建省碳达峰试点建设评价标准，差异化制定城市、社区、园区等不同类型试点验收要求，设置星级评价体系，评估建设完备程度，引导各试点逐步创建、提星创优。

### （二）聚焦能源领域，全力推动清洁低碳发展

一是提升供给侧清洁化水平。结合福建省"贫煤无油无气"，但核电、风电等清洁能源富裕充足的资源禀赋，大力发展清洁能源，突破大功率风机制造技术，攻克海上施工、远程运维、智能控制等关键技术，加快推进海上风电规模化开发，打造国家级海上风电基地；积极研发应用光伏建筑一体化技术，以确定的 24 个整县光伏试点为抓手，加快开发机关办公场所、学校医院、农村民居、工厂屋顶分布式光伏；持续扩大沿海核电优势，稳妥推进漳州核电一期、霞浦核电基地等大型核电项目建设，积极推动现有核电基地扩大装机规模并列入国家规划，谋划储备 1~2 个新建站址，巩固核电"压舱石"地位。细化煤电发展路径，正确认识煤炭在不同发展阶段的能源安全保障价值，有序推进煤炭减量步伐，严格合理控制煤炭消费增长，审慎论证新增机组必要性，从严审批新上煤电项目；科学确定煤电机组改造升级目标和实施路径方案，加快明确煤电节煤降耗改造、供热改造、灵活性改造制造的"三改"方案或退出计划，推动煤电向基础保障性和系统调节性电源转变。

二是提升消费侧低碳化水平。深入实施电能替代，紧抓"电动福建"三年行动计划收官节点，加大对新能源汽车、电动船舶等的推广应用力度，配套推进充电设施建设；深化工业和农业农村等领域电能替代，减少化石能源、桔梗薪柴等的直接燃烧，推进能源领域碳排放集中控制和治理。适时推动氢能多元应用，在工业领域探索并推进氢冶金技术，争取以"绿氢"替代焦炭和天然气，将"绿氢"作为还原剂，推动冶炼过程近零排放；交通领域开展氢燃料电池汽车、氢气加注等环节关键技术的研究，推动氢燃料电池汽车推广应用；建筑领域突破燃料电池冷热电三联供技术，选择具备条件的厂房、楼宇等开展燃料电池分布式发电示范应用。

三是推动构建新型电力系统。推动电力系统向适应大规模高比例新能源方向演进，加快建设抽水蓄能电站，探索利用现有梯级水库电站建设改造混合式抽水蓄能电站，适当引导核电承担调节功能，科学有序推广应用新型储能，构建可中断、可调节的大规模多元负荷资源库，强化系统灵活性建设。加强各级电网协调发展，建设坚强主网，加快形成联结长三角、对接粤港澳、辐射华中腹地以及台湾本岛的能源大枢纽，实现资源广域优化配置，促进新能源并网消纳以及大电网安全稳定运行；积极打造柔性配网，构建适应分布式能源与多元负荷协同发展的中低压配网，推进配—微网融合发展网架建设，支撑分布式能源灵活接入。加大数字赋能力度，发挥"数字福建"优势，强化"大云物移智链"等技术在能源电力领域的融合创新和应用，全面提升电力系统全息感知、灵活控制、系统平衡能力，实现源网荷储全要素可观、可测、可控。优化能源资源市场化配置，扩大非化石能源发电参与电力市场交易的规模，引导储能、需求侧响应资源参与电力市场交易，试点开展绿色电力交易，积极融入全国统一电力市场。

## （三）聚焦产业领域，全力推动工业率先达峰

一是坚决遏制"两高"盲目发展。重点关注石油加工、黑色金属、有色金属等近两年能源消费总量持续增长的高耗能行业。一方面，加快淘汰存量项目落后产能，严格落实新建项目产能等量或减量替换。另一方面，加快"两高"行业低碳化改造，其中，针对石油加工行业，推动以天然气取代煤炭制取甲醇，开发优质耐用可循环的绿色石化产品，加大碳捕集、利用与封存（CCUS）在生产过程中的应用；针对黑色金属行业，加快高炉—转炉长流程向电炉短流程转型，应用"一罐到底"等节能增效技术；针对有色金属行业，推动冶炼工序合并和缩短，压减电解铝的阳极消耗和阳极效应碳排放，加大有色金属回收利用；针对水泥行业，推广生料原料替代技术，推动水泥窑协同处置废弃物。

二是加快传统制造业绿色转型。在纺织、化纤、橡胶塑料等传统制造业中全面推广智能制造，构建企业能源管理中心，普及工业智能化用能监测、

诊断、综合管理技术，精准定位能耗管控的关键环节，精益化、系统化推动生产工艺改进和节能设备应用，提升工业综合能效。支持企业开展厂区可再生能源项目等绿色改造，优化企业传统用能结构。进一步完善绿色标准体系，开展绿色园区、绿色工厂、绿色技术等配套认证，鼓励企业全方位提升环保水平。

三是大力发展战略性新兴产业。聚焦新一代信息技术、高端装备、新材料、新能源、生物医药、节能环保、海洋高新七大重点领域，引导资源要素汇集，推动产业融合化、集群化、生态化发展，构筑产业体系新支柱。同时，重点做好数字经济、海洋经济、绿色经济、文旅经济四篇大文章，把"数字福建"作为战略性新兴产业的基础性、先导性工程，把海洋经济作为战略性新兴产业的新阵地，把绿色经济作为战略性新兴产业的新培育点，并把文旅经济作为战略性新兴产业领军企业引进的良好载体。

## （四）聚焦能效领域，全力推动社会绿色转型

一是完善节能管理机制。构建省、市、县三级用能预算管理体系，综合考虑能耗产出效益，合理配置用能预算指标，优先保障高附加值低能耗企业用能。从严从实从细实施专项节能监察，重点关注产品能耗限额、用能设备能效是否严格执行国家强制性标准，以及落后用能产品、设备和工艺是否严格执行淘汰制度。实施重点行业能效"领跑者"行动，依托行业能效标杆，提炼节能典型经验并组织推广交流，促进全行业能效持续提升。

二是实施城市节能工程。针对新增用能区域，主抓福州都市圈、厦漳泉都市圈的新建经济开发区、大型公用设施、产业园区，实施传统能源与风能、太阳能、地热能、生物质能等能源的协同开发利用，优化布局电力、燃气、热力、供冷、供水管廊等基础设施，建设一批天然气热电冷三联供、分布式可再生能源利用和能源智能微网等能源一体化综合开发利用示范工程。针对既有用能区域，按照"一地一特色"原则，在三明、龙岩等区域推广全智能烤烟房，在南平、泉州等区域推广电制茶全产业链用能优化项目，因地制宜打造一批综合能效提升示范样板。

三是加强新型基础设施节能。坚持统筹谋划，优化空间布局，加强数据中心集群配置，支持5G网络共建共享，积极打造集约的一体化建设运行格局。鼓励数据中心、5G基站对标国际先进水平，优先采用高密度集成高效电子信息设备、高效环保制冷技术等高效节能建设方案。实施"分布式+储能"等多样化供能形式，优化能源结构；探索余热回收利用等模式，加强能源梯级利用。

### （五）健全政策机制，全面保障"双碳"目标落地

一是建立碳排放统计监测体系。建立健全碳排放统计核算体系，加强碳排放监测、计量方法研究，分行业、分领域制定碳核算标准。推广应用终端碳排放监测设备，运用"大云物移智链"等先进技术，推动碳源数据实时监测和采集，提升碳排放实测水平。打造全省统一碳排放计量、统计数据中台，加紧汇聚能源、工业、交通各领域监测数据，精准掌握全省碳排放情况。

二是探索碳足迹跟踪制度。开展碳足迹分析研究，加强重点产品全生命周期碳足迹管理，精准定位碳排放的重要环节和根本原因，督促企业改进关键生产环节。建立碳足迹标签制度，公开企业和产品碳足迹信息，引导消费者优先选择绿色低碳的企业和产品。

三是优化监督管控体系。坚持"先立后破"，探索构建以强度控制为主、总量控制为辅的碳排放"双控"制度，与能源"双控"协同管理、综合评价，逐步厘清各行业、各地区能耗与碳排放的关系，不断优化调整指标分配和考核机制。在此基础上，统筹考虑经济发展、能源结构、产业特色等要素影响，按照"试点先行、逐步推广"的思路，梯次推动能耗"双控"向碳排放"双控"转变。

四是健全财税金融政策。完善绿色财政支出政策，合理制定中长期绿色财政预算，确保财政支出政策效益的连贯性。持续推动绿色税制改革，坚持激励与约束相协同，扩大环境保护税、资源税等的征收范围，加大绿色税收优惠政策力度，更好地发挥税收对企业环境行为和民众消费行为的调节作

用。以三明、南平等地"省级绿色金融改革试验区"建设为抓手，尽快健全完善绿色金融标准体系、服务体系、投融资体系，进一步丰富绿色金融产品，持续优化绿色金融生态环境，引导更多资金投入绿色产业。

五是完善市场化交易机制。用好福建省用能权、碳排放权交易"双试点"叠加优势，统筹推进市场机制间的衔接与协调，将能源价格与碳排放成本有机结合，促进产业结构调整，减少低效用能。积极响应全国统一大市场建设要求，超前谋划市场机制优化，做好央地市场对接，主动贡献试点建设经验。

# 分　报　告

## Sub Reports

# B.2

# 2022年福建省碳排放分析报告

郑　楠　陈津莼　李源非*

**摘　要：** 在经济快速发展带动下，2019年福建省碳排放总量维持上升态势，同比增长6.4%，供能行业、制造业、居民生活和交通运输行业4个领域仍是全省最大的碳排放来源，合计占比达97.2%。考虑未来能源转型的不确定性，采用EKC-STIRPAT模型构建多场景进行预测。结论表明：在基准场景、加速转型场景和深度优化场景下，福建省分别于2030年、2028年和2026年实现碳达峰，排放峰值分别为3.59亿吨、3.37亿吨和3.19亿吨，且不同场景下各行业达峰与全社会达峰时间差保持一致。为尽早实现碳达峰，福建省需要建立健全碳减排政策体系，加快推动能源结构绿色转型，积极推进工业领域低碳减排，全面推动低碳技术创新发展。

---

* 郑楠，工学硕士，国网福建省电力有限公司经济技术研究院，研究方向为能源经济、能源战略与政策；陈津莼，工学硕士，国网福建省电力有限公司经济技术研究院，研究方向为综合能源、能源战略与政策；李源非，管理学硕士，国网福建省电力有限公司经济技术研究院，研究方向为能源经济、能源战略与政策。

**关键词：** 碳排放　碳达峰　碳减排　EKC-STIRPAT 模型

# 一　福建省碳排放情况

## （一）全省碳排放总体情况

碳排放总量方面，2019 年福建省二氧化碳排放总量达 2.78 亿吨，[①] 同比增长 6.4%，增速较全国平均水平高 4.6 个百分点。从发展趋势看，受"十三五"初期去产能政策影响，全省碳排放总量连续两年下降，此后随着优质产能的逐步释放，全省碳排放总量再度上升。总体来看，2015～2019 年全省碳排放总量先降后升，2016 年后维持小幅度增长趋势，年均增速为 2.7%（见图 1）。

**图 1　2011～2019 年福建省碳排放总量**

资料来源：CEADs。

碳排放强度方面，2019 年福建省碳排放强度为 656 千克/万元，同比下降 2.9%，仅为全国平均水平的 66.9%。2011～2019 年，福建省碳排放强度逐年下降，呈先快后慢的态势。2011～2016 年，在产业转型升级专项行动、

---

① 本报告中国及各省（区、市）碳排放相关数据均来自中国碳排放数据库（CEADs）。截至 2022 年 4 月，数据库已更新 2019 年中国及各省（区、市）碳排放数据。

全面淘汰煤炭落后产能等的带动下，全省碳排放强度快速下降，年均降速达8.4%。2016年之后，降幅有所放缓，年均降速为3.1%（见图2）。一方面，福建省三次产业及轻工业、重工业所占比重基本不变，产业结构转型开始进入深水区；另一方面，"两高"行业中的低端产能迭代基本完成，碳排放强度已达到较低水平，进一步减排难度逐步显现。

**图2　2009~2019年福建省碳排放强度（当年价）**

资料来源：CEADs。

碳排放结构方面，2019年福建省碳排放主要集中于供能行业、交通运输行业、居民生活和制造业四个领域，合计占比达97.2%，其中供能行业是全省碳排放最高的行业，占比为51.0%。与2018年相比，供能行业和制造业碳排放占比变化较大，分别下降2.5个百分点和上升2.7个百分点（见图3）。其中，供能行业主要受发电结构变化影响，2018年全年来水偏枯，2019年主要水库来水偏丰，水电发电量同比增加117亿千瓦时①，导致煤电发电量同比减少10.5亿千瓦时，供能行业碳排放增速仅为1.4%，较全社会低5个百分点。重化工业快速发展拉动制造业碳排放占比提升，其中石化行业投建了中化泉州、古雷炼化一体化、奇美化工ABS等多个重点项目，全年石化行业碳排放增速达56.9%，较全社会高50.5个百分点。

--------

① 发电量数据来源于国网福建省电力有限公司。

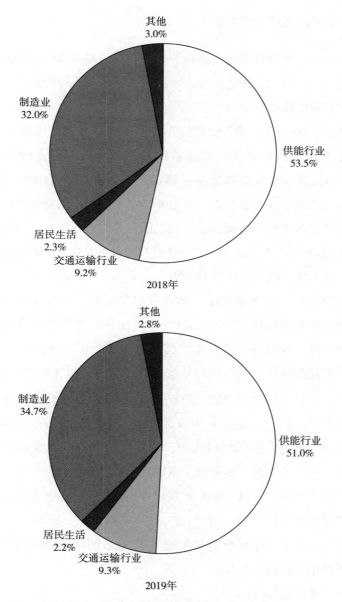

**图 3 2018 年、2019 年福建省碳排放结构**

资料来源：CEADs。

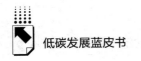
### （二）重点行业碳排放情况

为更全面细致地分析福建省碳排放趋势特征，本报告针对供能行业、制造业、交通运输行业及居民生活等四个重点领域分别进行分析。

**1. 供能行业碳排放情况**

从现状看，2019年福建省供能行业碳排放总量为1.42亿吨，其中，供热供电行业是供能行业最大的碳排放来源，合计占全行业碳排放总量的99.9%。供能行业是全省碳排放量最高的行业，占比达51.0%（见图4），较全国平均水平高3.6个百分点。这主要是由于用户终端使用的电力、热力等能源在生产过程中产生的碳排放均在供能行业中进行计算。据测算，2019年福建省终端电气化率为28.8%，较全国平均水平高3.3个百分点，因此福建省供能行业承接其他行业碳转移较多。

从排放趋势看，2016年以来，福建省能源消费需求快速提升，供能行业碳排放总量年均增速达12.7%。2019年福建省供能行业碳排放总量虽仍在增长，但增速大幅放缓，仅同比增长1.4%，较2018年下降20.4个百分点。一是受全球经济收缩及中美贸易摩擦升级影响，福建省经济增速放缓，能源需求同步降低。以电力为例，2019年全省用电量增速为3.8%，较2018年下降5.7个百分点。二是由于2018年福建省水电站上游来水偏枯，2019年丰水，全年水电发电量同比增长36%，全省非化石能源发电量占比较上年提高2.4个百分点，进一步降低了供能行业碳排放增速。

从碳排放占比看，2011～2019年福建省供能行业碳排放总量占全省碳排放总量比重呈波动下降趋势。与"十二五"初期相比，2019年供能行业碳排放总量占比下降了5个百分点（见图4）。这表明在全省减排进程中，供能行业低碳转型作用逐步显现。

**2. 制造业碳排放情况**

从现状看，2019年福建省制造业碳排放总量为0.96亿吨，其中非金属矿物制品和黑色金属是制造业两个较大的碳排放来源，分别占制造业碳排放总量的44.0%和34.3%。福建省制造业碳排放总量占全省碳排放总量的

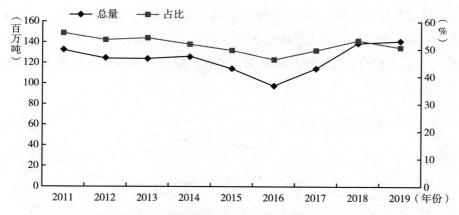

**图4　2011～2019年福建省供能行业碳排放总量及占全省总排放比重**

资料来源：CEADs。

34.7%，较全国平均水平低1.1个百分点，主要是由于福建省制造业以电子设备制造等碳排放较低的行业为主，黑色金属及有色金属、化学原料及非金属制造业等高耗能产业占全省规模以上制造业营业收入的20.5%，① 较全国平均水平低2.5个百分点，因此福建省制造业对化石能源依赖程度相对较低。

从排放趋势看，随着落后产能淘汰基本完成、优质产能充分释放，自2017年以来，福建省制造业碳排放总量连续2年快速上涨，2019年增速达15.3%，但不同行业变化趋势差异较大。分行业看，2017～2019年，四大高耗能行业中除非金属制造业外，其他三个行业碳排放增速均高于制造业平均值，其中，黑色金属、化学原料和有色金属行业碳排放年均增速分别达16.8%、15.8%和13.7%，较全省高6.3个、5.3个和3.2个百分点；而轻工业中除印刷、文教体育制品、专用设备和通用设备制造等四个行业外，其他行业碳排放量均有所降低，主要是由于轻工业能效提升显著。2019年规模以上轻工业化石能源消费总量较2018年下降4.1%，增速低于制造业7.9个百分点，制造业碳排放进一步向重工业聚集。

---

① 《2019年规模以上工业企业主要经济指标》，福建省统计局网站，2020年1月30日，http://tjj.fujian.gov.cn/xxgk/jdsj/202005/t20200513_5264388.htm。

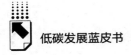

从碳排放占比看，2011~2016年，由于福建省重工业快速发展，制造业在全省碳排放总量中的占比持续提升，2016年达到最高点，为37.9%（见图5）。随着供给侧结构性改革的深入推进，制造业碳排放占比整体呈波动下降趋势。

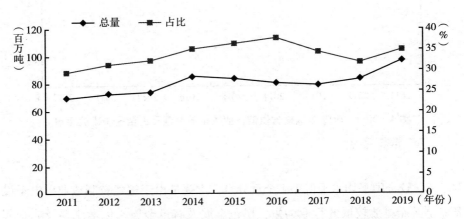

**图5 2011~2019年福建省制造业碳排放总量及占全省总排放比重**

资料来源：CEADs。

### 3. 交通运输行业碳排放情况

从现状看，2019年福建省交通运输行业碳排放总量为0.26亿吨，占全省碳排放总量的9.3%，较全国平均水平高2.6个百分点。从碳排放来源看，福建省交通运输行业碳排放主要来源于石油及其附属产品消费，其中汽油和柴油消费碳排放量最大，合计占交通运输行业碳排放总量的63.5%。

从排放趋势看，自2011年以来，福建省交通运输行业碳排放总量以年均5.8%的增速持续上升，且增幅未见缩窄，其中2019年同比增长7.8%，较2018年高1.7个百分点。这主要是由于"十三五"以来，福建省经济高速发展，带动旅客出行和货物运输需求快速提升，交通运输行业碳排放量随之较快增长。

从碳排放占比看，2016年之前，由于福建省交通体系快速发展，交通运输行业碳排放占比持续攀升，2016年达到历史峰值，为10.1%。2016年以来，随着港口岸电改造力度加大及"电动福建"加快推进，交通运输行业节能减排力度加大，在全省碳排放总量中的占比稳中有降，2019年交通运输行业碳排放占比较2016年下降3.2个百分点（见图6）。

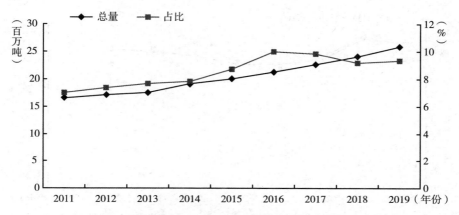

**图6 2011~2019年福建省交通运输行业碳排放总量及占全省总排放比重**

资料来源：CEADs。

### 4. 居民生活碳排放情况

从现状看，2019年福建省居民生活碳排放总量为605.7万吨，占全省碳排放总量的2.2%。其中，汽油、柴油等石油制品消费的碳排放量为524.1万吨，占全省居民生活碳排放总量的86.5%，这表明生活交通出行是现阶段居民生活中最大的碳排放来源。

从排放趋势看，2016年以来，居民生活碳排放总量呈缓慢上升趋势，但增速逐渐放缓。随着汽车普及程度的提高，全省私人汽车拥有量增速逐年放缓，2019年增速为8.5%，较2016年下降6.6个百分点，[①] 汽油、柴油等化石燃料消费增速随之降低。2019年福建省居民生活石油类能源消费总量、碳排放总量增速分别为2.2%、2.4%，较2016年下降3.8个、4.2个百分点。

从碳排放占比看，自2016年以来，福建省居民生活碳排放总量在全省

---

① 《福建统计年鉴2021》，中国统计出版社，2021。

碳排放总量中的占比逐年下降，2019 年较 2016 年下降 0.47 个百分点（见图 7），主要是由于居民交通出行需求逐渐趋于饱和，与全省碳排放变化趋势相比，居民生活碳排放增速较低。

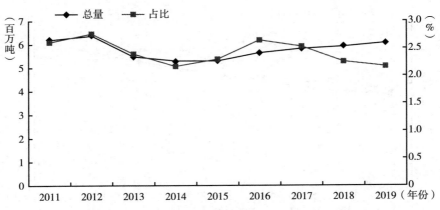

**图 7　2011～2019 年福建省居民生活碳排放总量及占全省总排放比重**

资料来源：CEADs。

## 二　福建省碳达峰趋势预测

### （一）全省碳达峰预测

根据国内外研究成果，全社会碳排放总量主要受经济发展、能源结构、产业结构和能效水平影响，其中经济快速发展将提升能源消费需求，进而推动碳排放增长，而能效水平提升、能源结构和产业结构低碳化转型能够降低碳排放强度，进而减少全社会碳排放总量。

本报告沿用《福建省"碳达峰、碳中和"报告（2021）》构建的 EKC-STIRPAT 模型，考虑能源结构转型的不确定性，分别设计了基准、加速转型、深度优化三个场景，研判在不同场景下福建省的碳排放发展趋势。在基准场景下，假设福建省的煤炭消费占能源消费比重及终端电气化率将按照历史趋势变化；在加速转型场景下，假设全省的煤炭消费占比及终端电气化率将按照"十四五"规划推进，并按此态势一直延续至2035年；在深度优化场景下，进一步下调化石能源消费占比并提升终端电气化率。经测算，得到2020~2035年不同场景下福建省碳排放预测（见图8）。

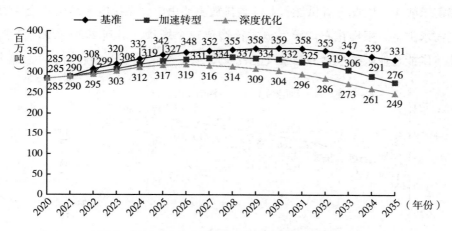

**图8　2020~2035年不同场景下福建省碳排放预测**

注：测算数据为四舍五入之后的数据。
资料来源：根据CEADs数据建模测算。

由图8可见，不同场景下福建省碳达峰时间和峰值水平差距显著。在基准场景下，预计2030年与全国同步实现碳达峰，峰值为3.59亿吨[①]，较2019年增加29.1%。在加速转型场景下，预计2028年实现碳达峰，早于全国2年，峰值为3.37亿吨，较2019年增加21.2%。该场景下，全省碳达峰时间与峰值水平较基准场景均有所优化，能够为全面推进碳中和打下良好基础，同时为下阶段经济社会发展保留必要的时间和空间。在深度优化场景下，全省碳达峰时间有望进一步提前至2026年，早于全国4年，峰值为3.19亿吨，较2019年增加14.7%。显然，该场景将最大化延长从碳达峰到碳中和的时间，同时将排放峰值控制在较低水平，但要求在短期内进行经济社会整体性变革。

---

① 模型参数及碳排放预测结果由本报告课题组测算。

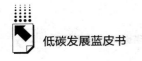

## （二）重点行业碳排放预测

### 1.供能行业碳排放预测

供能行业中超过 99% 的碳排放集中在供电供热行业，且福建省集中供热需求较少，因此全省供能行业的碳排放主要由电力系统电源结构及全省用电需求决定。根据化石能源发电占比构建三个场景，得到 2020~2035 年福建省供能行业碳排放预测结果（见图 9）。

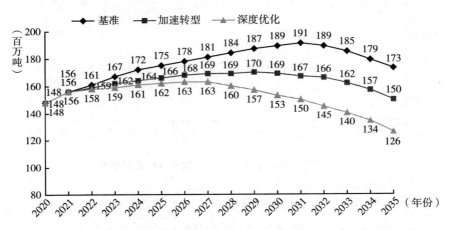

**图 9　2020~2035 年不同场景下福建省供能行业碳排放预测**

注：图中数据根据 CEADs 数据建模测算，为四舍五入后的数据。在深度优化场景下，2026 年、2027 年供能行业碳排放预测结果分别为 162.9 百万吨、163.4 百万吨，故于 2027 年达峰。

资料来源：根据 CEADs 数据建模测算。

由图 9 可见，在基准场景下，福建省供能行业预计于 2031 年实现碳达峰，晚于全社会 1 年，届时峰值水平为 1.91 亿吨，占全社会碳排放总量的 53.4%。在加速转型场景下，福建省供能行业预计于 2029 年实现碳达峰，晚于全社会 1 年，届时峰值水平为 1.70 亿吨，占全社会碳排放总量的 50.9%。在深度优化场景下，福建省供能行业预计于 2027 年实现碳达峰，晚于全社会 1 年，届时峰值水平为 1.63 亿吨，占全社会碳排放总量的 51.7%。在三个场景下，供能行业碳达峰时间均晚于全社会，主要是由于电能是现阶段终端使用最广泛的清洁能源，为减少对化石能源的依赖，各领域终端电气化水平将持续提升，推动全社会碳排放量进一步向供能行业聚集。

2. 制造业碳排放预测

制造业碳排放总量主要由制造业产出规模和能耗水平决定。根据能耗水平高低设置三个场景，得到2020～2035年福建省制造业碳排放预测结果（见图10）。

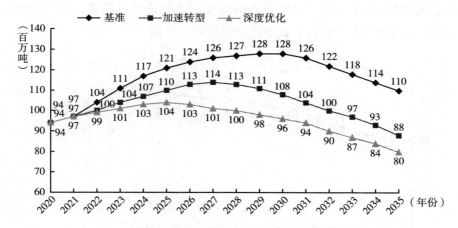

**图10　2020～2035年不同场景下福建省制造业碳排放预测**

注：图中数据根据 CEADs 数据建模测算，为四舍五入后的数据。在基准场景下，2029年、2030年制造业碳排放预测结果分别为127.9百万吨、127.6百万吨，故于2029年达峰。

资料来源：根据 CEADs 数据建模测算。

由图10可见，在基准场景下，福建省制造业预计于2029年实现碳达峰，早于全社会1年，届时峰值水平为1.28亿吨，占全社会碳排放总量的35.7%。在加速转型场景下，福建省制造业预计于2027年实现碳达峰，早于全社会1年，届时峰值水平为1.14亿吨，占全社会碳排放总量的34.1%。在深度优化场景下，福建省制造业预计于2025年实现碳达峰，早于全社会1年，届时峰值水平为1.04亿吨，占全社会碳排放总量的32.8%。在三个场景下，制造业碳排放均能早于全社会达峰，主要是由于近年来国家及福建省委省政府多次强调要坚决遏制"两高"项目盲目发展，加快推动存量企业实施清洁生产技术改造，推进产业结构低碳转型，发展战略性新兴产业。

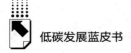

随着供给侧结构性改革的不断深化，福建省制造业碳排放增速大幅放缓，在政策的持续引导下，预计可先于其他领域实现碳达峰。

3. 交通运输行业碳排放预测

交通运输行业碳排放总量主要受汽柴油机动车拥有量、旅客周转量及货物周转量等因素影响。未来新能源汽车产业快速发展，将成为影响交通运输行业碳排放的关键因素。根据新能源汽车占比设置三个场景，得到 2020～2035 年福建省交通运输行业碳排放预测结果（见图 11）。

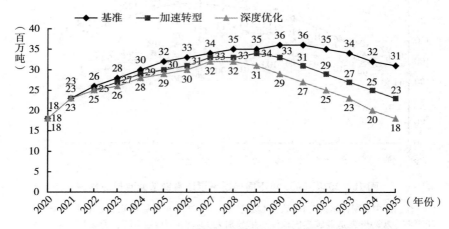

**图 11　2020～2035 年不同场景下福建省交通运输行业碳排放预测**

注：图中数据根据 CEADs 数据建模测算，为四舍五入后的数据。在基准场景下，2030 年、2031 年交通行业碳排放预测结果分别为 35.9 百万吨、36.1 百万吨，故于 2031 年达峰。在深度优化场景下，2027 年、2028 年交通运输行业碳排放分别为 31.7 百万吨、31.2 百万吨，故于 2027 年达峰。

资料来源：根据 CEADs 数据建模测算。

由图 11 可见，在基准场景下，福建省交通运输行业预计于 2031 年实现碳达峰，晚于全社会 1 年，届时峰值水平为 0.36 亿吨，占全社会碳排放总量的 10.1%。在加速转型场景下，福建省交通运输行业预计于 2029 年实现碳达峰，晚于全社会 1 年，届时峰值水平为 0.34 亿吨，占全社会碳排放总量的 10.1%。在深度优化场景下，福建省交通运输业预计于 2027 年实现碳达峰，晚于全社会 1 年，届时峰值水平为 0.32 亿吨，占全社会碳排放总量的 10.0%。在三个场景下，全省交通运输行业均晚于全社会达峰，且碳排放峰值水平差异不大。这主要是由于福建省经济仍处于快速发展阶段，带动货物及旅客周转量持续攀升，且新能源汽车关键技术仍有待突破，尚未形成规模化应用，交通运输行业的减排进程相对缓慢。

4. 居民生活碳排放预测

居民生活中的化石能源消费主要用于满足餐饮、照明、取暖及交通出行需求。随着电能替代工作持续深入推进，居民生活碳排放量将显著降低。根据电能占终端能源消费的比重设置三个场景，得到 2020~2035 年福建省居民生活碳排放预测结果（见图 12）。

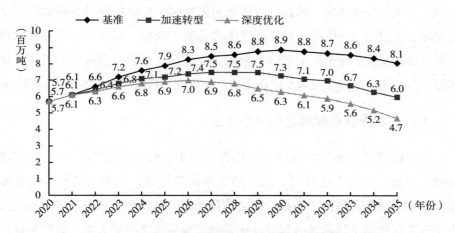

**图 12　2020~2035 年不同场景下福建省居民生活碳排放预测**

注：图中数据根据 CEADs 数据建模测算，为四舍五入后的数据。在加速转型场景下，2027 年、2028 年、2029 年居民生活碳排放预测结果分别为 7.46 百万吨、7.48 百万吨、7.45 百万吨，故于 2028 年达峰。

资料来源：根据 CEADs 数据建模测算。

由图 12 可见，在基准场景下，福建省居民生活预计于 2030 年实现碳达峰，与全社会同步，届时峰值水平为 887 万吨，占全社会碳排放总量的 2.5%。在加速转型场景下，福建省居民生活预计于 2028 年实现碳达峰，与全社会同步，届时峰值水平为 748 万吨，占全社会碳排放总量的 2.2%。在深度优化场景下，福建省居民生活预计于 2026 年实现碳达峰，与全社会同

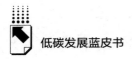
步，届时峰值水平为 695 万吨，占全社会碳排放总量的 2.2%。提高电能占终端能源消费的比重对居民生活领域的达峰时间、峰值水平均有显著影响，是影响居民生活领域碳达峰的关键因素。

# 三 福建省加快实现碳达峰发展建议

## （一）建立健全碳减排政策体系

一是衔接国家碳达峰碳中和"1+N"政策，统筹编制全省碳达峰总行动方案，梯次推进各区域有序达峰，加强各领域碳减排政策的衔接，形成政策合力。二是加快建立统一的碳排放统计监测机制，开展各领域碳排放的精细化核算方法研究，加快构建碳排放强度和总量"双控"机制。三是完善绿色债券、绿色基金、绿色融资等绿色金融产品体系，引导社会资本向低碳、新能源、绿色建筑等前沿技术及产业流动，加快推动低碳产业链的培育和孵化。

## （二）加快推动能源结构绿色转型

一是统筹测算福建省调峰及保供机组需求，统筹制定煤电机组"三改联动"目标、逐年改造计划、技术路线和保障措施，推动煤电机组向基础保障性和系统调节性电源转型。二是依托福州、漳州海上风电集群，加快推进千万千瓦级海上风电基地建设；统筹制订整县光伏发展方案，有序推进机关办公场所、医院学校、农村民居等屋顶光伏开发；加快推进在建核电机组项目，做好储备核电厂址保护，安全稳妥推动核电发展。三是加强灵活性资源建设，加快推进电源侧、电网侧及用户侧储能规模化发展，适时推动核电机组承担调峰责任，加快建立用户需求响应资源库。

## （三）积极推进工业领域低碳减排

一是持续化解过剩产能，大力淘汰石油化工、煤炭、钢铁等行业落后产能，加快高效蓄热、富氧燃烧等减排技术的推广应用，逐步提高新建"两高"项目节能环保准入标准。二是鼓励工业园区加强清洁能源利用，因地制宜建设智能绿色微网，探索开展综合能源管理服务，提升园区可再生能源消纳能力。三是加强节能技术推广应用，统筹制订低能效通用设备退出方案，推动先进节能技术、信息控制技术与传统工艺的集成优化，加快开展零部件再制造技术的研发，降低再制造能耗。

### （四）全面推动低碳技术创新发展

一是依托金风海上风电产业园，加快推动轴承、大型叶片等关键设备国产化水平，加强导管架基础、漂浮式基础、漂浮式锚链等海工装备制造技术研究，推动海上风电开发由近浅海向深远海推进。二是加快开展氢储能和空气储能等先进技术布局，推动可再生能源制氢关键设备及技术研究，试点探索海上风电制氢、光伏制氢等综合供能项目，加强源网荷储氢协同能量管理技术研究。

**参考文献**

翁智雄等：《不同经济发展路径下的能源需求与碳排放预测——基于河北省的分析》，《中国环境科学》2019年第8期。

潘栋等：《基于能源碳排放预测的中国东部地区达峰策略制定》，《环境科学学报》2021年第3期。

刘睿：《一种能源消费结构与碳排放预测的方法研究》，《科技创新与应用》2021年第13期。

# B.3
# 2022年福建省碳汇情况分析报告

陈柯任　林晓凡　李益楠*

**摘　要：** 碳汇对于减缓全球气候变暖、实现碳中和目标，具有至关重要的作用。福建省高度重视碳汇发展，在碳汇生成方面，率先建立林长制，并开展山水林田湖草治理工程和海岸带治理工程；在碳汇增值方面，推出了林业碳票和碳汇基金；在碳汇应用方面，推出了会议碳中和、"一元碳汇"、林业碳汇指数保险、"生态司法+碳汇"、碳中和机票等碳汇应用场景。展望碳汇工作发展趋势，福建省正不断丰富碳汇增值模式，逐步形成零碳社会风尚。下阶段，福建省将在提升林业碳汇能力、加强碳汇潜力研究、实施碳汇金融创新、推动碳汇知识普及等方面进一步开展工作。

**关键词：** 碳汇生成　碳汇增值　碳汇应用

## 一　2021年福建省碳汇现状分析

碳汇主要包括林业碳汇、海洋碳汇等。其中，林业碳汇指通过植树造林等方式养护森林，并在此过程中吸收二氧化碳。在全球范围内，森林的固碳

* 陈柯任，工学博士，国网福建省电力有限公司经济技术研究院，研究方向为能源经济、低碳技术、能源战略与政策；林晓凡，工学硕士，国网福建省电力有限公司经济技术研究院，研究方向为能源经济、能源战略与政策、电力市场；李益楠，工学硕士，国网福建省电力有限公司经济技术研究院，研究方向为能源经济、能源战略与政策。

量约占整个陆地生态系统固碳量的67%，是应对全球温室效应的重要力量。海洋碳汇又称"蓝碳"，指通过海洋生物及其相关活动实现大气中二氧化碳的吸收与封存。海洋是地球上最大的碳库，抢占蓝碳领域是实现碳中和的关键。

党的十八大以来，习近平总书记多次对福建生态文明建设做出重要指示批示，福建省切实把生态环境保护工作摆在更加突出的位置，在碳汇生成、增值、应用等环节积极探索"福建经验"。

## （一）碳汇生成环节：整合多方资源，形成固碳合力

2021年，福建省森林覆盖率达66.8%，连续43年保持全国第1，福建省九市一区均被评为国家森林城市，22个县（市、区）被命名为国家生态文明建设示范区，生态省的建设工作不断取得新成果。同时，福建省在森林治理、山水林田湖草治理、海岸带治理等方面开展了一系列生态保护修复工程，促进植被生长，提高生态系统固碳水平。

### 1. 森林治理工程

2021年2月，福建在全国率先出台《关于全面推行林长制的实施意见》，明确在当年年底前全面建立林长制。7月，省林长办印发了多项林长制配套制度。9月，全省九市一区全部出台方案，完成了市级林长设置和责任区域划分。

此外，三明作为全国首个林业改革发展综合试点市，正式开启为期三年的改革行动。此次改革针对森林资源利用、林业经营、国有林场管理等方面开展了多项探索，形成了可复制、可推广的重要经验。

随着林长制在省内全面落实和林业改革试点的开展，福建省森林资源管理能力持续提升，为推进林业固碳增汇工作奠定了坚实基础。

### 2. 山水林田湖草治理工程

福建省生态保护修复工程屡获中央支持，并取得了优秀成果。2018～2020年，福建开展闽江流域山水林田湖草生态保护修复工程，该工程随后被纳入全国试点。2021年经考核，闽江流域14项绩效目标达到或超过国家试点考核要求，在财政部组织的全国同批次试点项目绩效评价中，获唯一优

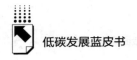

秀等次，并被列为山水林田湖草生态修复工程示范案例。

2021 年，福建省九龙江流域山水林田湖草沙一体化保护和修复工程被纳入重大生态保护修复项目，项目实施期为 2021~2023 年，将重点开展水环境治理、生态系统修复等五大类工程。

山水林田湖草生态修复工程的开展，对于区域植被保护、环境治理具有重要意义，有利于发挥生态系统固碳增汇效果。

3. 海岸带治理工程

红树林是热带、亚热带海岸潮滩上由红树科植物为主组成的一种特殊植被。福建省现有红树林面积约 1648 公顷，约占全国红树林面积的 5%，主要分布于漳州市、厦门市、泉州市、福州市和宁德市。红树林具有强大的光合作用能力，故而具备很高的单位面积固碳能力。

近年来，生态系统的受损和外来物种的入侵，都极大影响了红树林的生长。为了增强海岸带的自然属性和生态功能，2021 年 1 月，福建省自然资源厅等六部门共同发布的《福建省海岸带保护修复工程工作方案》正式实施。

根据《福建省海岸带保护修复工程工作方案》，福建省在沿海市、县（区）红树林主要分布区范围内，开展红树林生态修复工程，共整治互花米草 335 公顷，种植红树林 628.7 公顷，修复现有红树林 550 公顷，提升了滨海湿地的生态能力和碳汇能力。

## （二）碳汇增值环节：创新金融模式，增强绿色动力

福建省认真贯彻习近平总书记生态经济化的指示，积极引入灵活的市场机制，赋予绿色资源合理的市场价值，引领社会资本参与碳汇项目，促进绿色金融投资规模大幅增长，为碳汇项目开发持续注入新动能。

1. 林业碳票

林业碳票由三明市发起，是经生态主管部门签发的林业碳汇量的收益权凭证，等同于林地净固碳量参与市场交易的"身份证"。2021 年 5 月，三明市常口村获得了全国首张林业碳票，上面记载"自 2016 年以来，3197 亩林

地净固碳量为 12723 吨"[1]。但碳票不具备国家核证自愿减排量的同等权益，仅可用于个人、机构自愿参与减排，主要有以下两大作用。一是用于市场交易，三明市第一批碳票共签发 5 张，林地净固碳量总计 29715 吨。碳票推出当天，福建通海镍业购买了其中一张 4 万元的碳票，总计 2723 吨林地净固碳量。二是用于质押，福建金森碳汇出资 18.3 万元购买了 3 张碳票，并以总计 18294 吨的林地净固碳量为质押物，获得兴业银行 500 万元的授信贷款额度。

### 2. 碳汇基金

碳汇基金指的是用于造林护林、海洋生态修复等增汇活动的专项基金。

2013 年 10 月，永安市与中国绿色碳汇基金会达成合作，成立了福建省内第一个碳汇基金——永安碳汇专项基金，旨在引导社会组织和民众通过捐款参与植树育林、林地运营和保护等林业碳汇项目。

2021 年 7 月，《厦门市海洋经济发展"十四五"规划》提出探索开展蓝碳交易，推动海洋碳汇交易平台发展。厦门产权交易中心与兴业银行联合成立了全国首个海洋碳汇交易服务平台，设立蓝碳基金，用于组织开展蓝碳增汇减排项目，支持蓝碳相关科学研究，宣传蓝碳对气候变化的作用和成效等。2021 年 9 月，泉州红树林生态修复项目 2000 吨海洋碳汇在厦门海洋碳汇交易服务平台完成交易，标志着福建省达成首笔海洋碳汇交易，该宗交易的购买方即为兴业银行设立的蓝碳基金。

### （三）碳汇应用环节：拓展应用场景，挖掘绿色价值

福建省创新探索"碳汇+"，深入挖掘碳汇生态价值，推出多个碳汇应用场景，如会议碳中和、"一元碳汇"、碳中和机票等，充分发挥碳汇的绿色低碳属性，将绿色发展理念贯穿于经济社会和生态环境保护的方方面面。

---

[1] 《林业碳汇的六种发展模式，你选择对了吗？》，木材节约发展中心网站，2021 年 10 月 13 日，http://www.cwss.org.cn/news_ view. asp? id = 1365&n = 70。

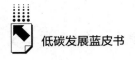

1. 会议碳中和

会议碳中和指的是通过购买碳汇、开发碳汇项目等方式，抵消会议全程产生的碳排放。自 2017 年以来，福建省通过林业、海洋碳汇助力多个会议实现了"零碳排放"（见表1）。

表 1　福建省会议碳中和项目

| 时间 | 会议 | 项目详情 |
| --- | --- | --- |
| 2017 年 9 月 | 金砖国家领导人第九次会晤 | 会议主办方通过在湿地公园种植 580 亩红树林，在未来 20 年完全"吸收"会晤期间的二氧化碳排放，从而达到金砖国家领导人会晤历史上首次会议零碳目标 |
| 2021 年 4 月 | 第四届数字中国建设峰会 | 据统计数字峰会共产生约 1097 吨碳排放，会议主办方通过两种方式实现"零碳会议"。一是在永泰国有林场开发 192 亩碳中和林，预估未来 6 年内可增加 897 吨碳汇；二是向罗源国有林场购买 200 吨林业碳汇 |
| 2021 年 5 月 | 第二届中国资产管理武夷峰会 | 会议主办方向中林集团购买了 65 吨林业碳汇，实现会议零碳目标 |
| 2021 年 7 月 | 第四十四届世界遗产大会 | 会议主办方向泰宁县杉阳山区综合开发有限责任公司购买了 300 吨林业碳汇，完全抵消了会议期间产生的碳排放。此外，世界遗产大会的近百位与会人员在福州市梁厝历史文化街区种下了一片以山樱花、榕树为主的碳汇林，旨在弘扬"绿色世遗·碳中和"的绿色理念 |

资料来源：根据网络资料统计。

2. "一元碳汇"

"一元碳汇"指的是南平市顺昌县于 2019 年在建西镇试点推出，通过向社会民众出售贫困地区林业碳汇，丰富林业创收模式的扶贫项目。该项目的林业碳汇标价为 1 元/10 千克，购买者自愿认购"一元碳汇"，可获得等量的碳汇积分和证书。项目创收的资金专款专用，全部用于支持贫困地区建档立卡贫困户的增收和贫困地区公共基础设施建设等。建西镇 6086 亩林地被纳入首个"一元碳汇"项目，碳汇成交量达 2.99 万吨。"一元碳汇"作为一种面向社会民众出售碳汇的创新模式，为后续开展林业碳汇资源交易累积了宝贵经验。

### 3.林业碳汇指数保险

林业碳汇指数保险是一种以林业碳汇损失量为补偿依据，为林业生态环保价值提供保险保障的金融产品。林业碳汇指数保险实施原理：当发生山体滑坡、火灾、泥石流、冻灾等合同事先约定的灾难，导致林业固碳能力下降、林业碳汇损失量达到一定程度时，保险公司将进行赔偿，补偿碳汇林项目的损失。2021年5月，福建省龙岩市新罗区率先开展林业碳汇指数保险业务，业务覆盖300多万亩林地，为近100万吨碳汇提供保障，有效提升了碳汇林项目的抗风险能力，提高了林农参与碳汇林项目的积极性。

### 4."生态司法+碳汇"

"生态司法+碳汇"工作机制指的是在司法审判中，对于因破坏生态环境获刑的人员，可通过认购碳汇量来修复生态环境，从而在减轻自身刑罚的同时，助力碳汇项目可持续发展。2021年7月，福建省将乐县探索"生态司法+碳汇"模式，并将其应用于过失引起森林火灾、非法捕捉野生动物等2起案件中。将乐县法院将自愿认购生态司法碳汇认定为修复生态的行为，在量刑时进行从宽处理。2起案件中，被告人主动认购林业碳汇523吨，共计17.39万元，认购金完全用于森林资源保护，促进生态修复。

### 5.碳中和机票

碳中和机票是一款新型机票产品，旨在鼓励旅客自行出资抵消空中旅途产生的碳排放，从而减少自身行程对环境的影响。2021年11月12日，兴业银行与厦门航空联合推出了碳中和机票。此款碳中和机票价格较普通机票每张高出10元，附加票价所得款项专项用于福建省红树林生态修复。

## 二 2022年福建省碳汇发展趋势预测

### （一）增汇工作推进形势

#### 1.林业碳汇发展机制进一步完善

2021年10月，福建省委全面深化改革委员会印发《关于深化集体林权

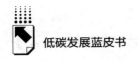

制度改革推进林业高质量发展的意见》，明确将健全林业碳汇发展机制作为十大重点任务之一。下一步，省林业局、发改委、生态环境厅将针对林业碳汇交易、林业碳汇项目审定核证、林业碳汇方法学研究、林业碳中和试点建设等进一步完善相关机制。

**2. 环境治理工作进一步加强**

福建省在闽江流域开展的山水林田湖草试点项目已取得较好的成果，充分说明在生态系统开展综合治理是实现生态系统保护、生态固碳增汇的有效途径。但福建省生态保护修复任务依然艰巨，省内第二大河流九龙江流域局部水土流失较严重，流域内水土流失总面积约 3.5 万公顷，其中强烈和极强烈以上流失面积约占 11%。下阶段，福建省将以九龙江、敖江、汀江等重点流域为抓手，推进生态保护修复工程，挖掘沿江碳汇资源潜力。

**（二）碳汇增值前景展望**

**1. 碳汇增值模式不断丰富**

近年来福建省在林业碳汇交易方面开展了许多工作，例如在 20 个县的国有林场开展林业碳汇交易试点，开辟了"不砍树也致富"的新途径。但目前福建省还存在林业碳汇市场机制不完善、林农参与碳汇造林积极性不高等问题。下阶段，福建省将继续鼓励各地实施碳汇生态惠民行动，不断完善"生态银行"等模式，用市场手段激发林农增汇热情。

**2. 零碳社会风尚逐步形成**

2021 年 11 月，福建省生态环境厅等八部门印发了《福建省大型活动和公务会议碳中和实施方案（试行）》，提出以党政机关单位为重点，推动大型活动和公务会议规范、有序开展碳中和。下阶段，福建省将加强对全省大型活动和公务会议碳中和工作的管理、协调、监督和宣传引导，逐步建立以党政机关单位为实施主体的大型活动和公务会议碳中和工作体系。

**（三）碳汇研究发展方向**

**1. 林业碳汇研究**

福建师范大学致力于攻关森林尤其是人工林碳汇计量技术，为人工林碳汇研究提供数据支撑，有利于提升中国在国际气候谈判中的话语权。顺昌县自主设计开发了全国首个竹林碳汇经营项目，通过优化管护、改进经营策略最大限度提高竹林生长量。该项目在省发改委备案，并在福建碳市场挂牌上市。福建师范大学、福建农林大学和福建省林业科学研究院等高校和科研院所明确未来将持续合作推进林业碳汇基础研究，重点关注碳通量、森林资源监测和政策体系研究，组织开发更多样化的碳汇项目方法学，涵盖"森林停止商业性采伐"碳汇项目、森林与竹林经营碳汇项目、人工碳汇造林项目等不同类型，为福建省林业碳汇项目开发拓展了新思路。

### 2. 海洋碳汇研究

厦门大学开发的"红树林造林碳汇项目方法学"是中国首个自主研发的红树林海洋碳汇方法学，已在厦门产权交易中心首宗海洋碳汇交易中落地应用，具有十分重要的科学意义和市场价值。依托厦门产权交易中心、厦门大学等产学研优势，福建正在加紧布局海洋碳汇研究。2021年福建省生态环境厅出台的《加强海洋生态环境保护 服务"海上福建"建设工作方案（2021—2023年）》明确提出，将针对海洋生态系统修复、海洋"负排放"等技术开展研究。厦门产权交易中心计划与国内海洋碳汇领域的院士团队开展合作，积极推动海洋碳汇标准制定工作，逐步构建涵盖红树林、海草床、盐沼、渔业等范畴的海洋碳汇方法学体系，探索建立陆地—海洋联合增汇机制。

### 3. 农业碳汇研究

顺昌县在施肥方式、有机肥替代化肥等方面积极探索，引入"有机肥+配方肥""绿肥+配方肥"等技术方案，利用有机肥提升土壤有机碳含量，三年内示范区有机肥使用量增加了3万多吨[①]，带动土壤有机碳含量提升15.3%，换算下来相当于每公顷增加了8.112吨固碳量，实现固碳减排目标。福建省农业科学院在低甲烷高淀粉水稻品种选育上取得了突破，通过减少根部产生的分泌物、脱落物，有效减少稻田产生的甲烷。未来福建省将在农业

---

① 《碳中和的福建农业担当》，《福建日报》2021年6月22日。

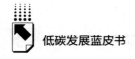

源温室气体监测、"低碳工业"与"富碳农业"互补、农业废弃物资源化利用等方面开展进一步研究，实现农业生态系统从"碳源"向"碳汇"的转变。

# 三　2022年福建省碳汇发展对策建议

## （一）提升林业碳汇能力

林种对于碳汇总量具有较大影响。建议针对性调整林种结构，大幅提高阔叶林、混交林比重，有计划地减少马尾松纯林比重，有效控制毛竹林面积，优化林分结构，大力提升生物多样性。同时积极推广顺昌和泰宁国有林场大径材种苗及营林模式，提升林地产出，增强林业碳汇能力。

## （二）加强碳汇潜力研究

林业碳汇方面，整合福建农业大学、福建省林业科学研究院、福建省环境科学研究院等多家高校和科研院所研究力量，共同开展林业碳汇计量与监测等关键技术攻关，完善林业碳汇的认定标准和方法学。海洋碳汇方面，扩大厦门在海洋碳汇领域的先发优势，加快建立健全海洋碳汇监测与核算体系，形成一系列国家、国际标准，引领海洋碳汇发展方向。同时，依托特色海洋产业，鼓励发展渔业养殖等固碳效应好的蓝碳产业。农业碳汇方面，依托福建省农业科学院低甲烷高淀粉水稻研究成果，加快选育大规模可推广的水稻品种，开展农业生物质废弃物还田技术、不同地区作物轮作和土地利用方式优化等土壤、作物增汇研究。

## （三）实施碳汇金融创新

建立健全碳汇金融发展机制，深入挖掘林业碳汇金融属性，探索更多基于碳汇的金融产品和衍生金融工具。以三明、南平创建省级绿色金融改革试验区为契机，探索开展生态公益林补偿收益权质押、森林碳汇收益权质押和林权收储贷款试点。推广碳金融产品和服务，构建由普惠金融、绿色债券、生态基金组成的绿色金融服务体系。

## （四）推动碳汇知识普及

建议政府与中国绿色碳汇基金会、厦门蓝碳基金会等公益组织通力合作，加强对碳汇相关概念和知识的科普力度。线下，通过组建宣讲团、组织植树造林、设置碳汇科普展览区等活动，推动碳汇知识和理念进机关、进企业、进社区；线上，利用微信公众号和各大短视频平台，通过有奖竞答、碳汇纪录片展播、碳汇小游戏等公众喜闻乐见的方式加强宣传推广，增强民众对碳汇的关注和了解，并引导广大群众积极参与碳汇认购。

**参考文献**

潘树锋：《福建省新时期自然资源管理规划思考》，《安徽农业科学》2021 年第 23 期。

刘朋虎、赖瑞联、叶菁等：《基于生态文明视域的农业绿色发展思路及对策——以福建省为例》，《农学学报》2021 年第 10 期。

厦门产权交易中心：《厦门：打造绿色要素服务平台　助力双碳目标建设》，《产权导刊》2021 年第 9 期。

赵云、乔岳、张立伟：《海洋碳汇发展机制与交易模式探索》，《中国科学院院刊》2021 年第 3 期。

林卓：《不同尺度下福建省杉木碳计量模型、预估及应用研究》，博士学位论文，福建农林大学，2016。

郑蓉：《应对气候变化，竹林碳汇监测与增汇减排技术研发成效显著》，《福建林业》2018 年第 1 期。

曹先磊：《毛竹林经营投入产出关系与经营效益分析——基于福建、浙江和江西的调查数据》，硕士学位论文，浙江农林大学，2015。

# B.4
# 2022年福建省碳市场情况分析报告

陈晗 林晓凡 李益楠*

**摘　要：** 2021年，全国碳市场正式开市，中国进入全国碳市场与试点碳市场双轨运行的阶段，福建40家发电行业控排企业划归全国碳市场开展交易。与此同时，福建碳市场进一步扩大控排企业范围、完善配额分配机制。截至2021年底，福建碳市场共有控排企业284家，全年累计成交量达1357.9万吨，累计成交额达2.6亿元，均较上一年有明显增长。但目前，福建碳市场仍存在法律约束力尚显不足、金融衍生品尚未推广等问题。下一阶段，建议福建在完善碳市场数据管理体系、优化配额分配模式、丰富市场交易产品、加大监督监管力度等方面进一步开展工作，切实发挥市场助力减排的作用。

**关键词：** 碳市场　碳配额　碳交易

## 一　2021年全国碳市场运行情况

2021年7月16日，全国碳市场正式开市，首批纳入发电行业、年度温室气体排放量达到2.6万吨二氧化碳当量（综合能源消费量约1万吨标准

---

* 陈晗，工程管理硕士，国网福建省电力有限公司经济技术研究院，研究方向为工程管理、能源经济；林晓凡，工学硕士，国网福建省电力有限公司经济技术研究院，研究方向为能源经济、能源战略与政策、电力市场；李益楠，工学硕士，国网福建省电力有限公司经济技术研究院，研究方向为能源经济、能源战略与政策。

煤）的企业 2162 家，其中，福建 40 家发电行业控排企业划归全国碳市场开展交易。12 月 2 日，生态环境部发布《企业温室气体排放核算方法与报告指南发电设施（2021 年修订版）（征求意见稿）》，重点对纳入全国碳市场的发电行业控排企业温室气体排放核算和报告工作进行规范，强化企业碳排放数据过程管理。

2021 年，全国碳市场整体运行情况良好。首日开盘价为 48 元/吨，价格为 52.8 元/吨，成交量为 16 万吨，成交额为 790 万元。截至 2021 年底，碳配额累计成交量达 1.8 亿吨，累计成交额达 76.6 亿元。

## 二  2021年福建碳市场运行情况

4 月 27 日，福建省生态环境厅发布了《福建省生态环境厅关于做好企业温室气体排放报告管理相关工作的通知》，明确福建碳市场管理的控排企业仍为电力、石化、化工、建材、钢铁、有色、造纸、民航、陶瓷等 9 个行业，但门槛由年度温室气体排放量达到 2.6 万吨二氧化碳当量（综合能源消费量约 1 万吨标准煤）降低为 1.3 万吨二氧化碳当量（综合能源消费量约 5000 吨标准煤），进一步扩大控排范围。

10 月 15 日，福建省生态环境厅发布《福建省 2020 年度碳排放配额分配实施方案》，相比上一年度方案，进一步细化了纳入碳市场管理的 9 个行业的碳配额分配方案。

2021 年福建省碳市场运行机制、交易情况及存在的问题具体分析如下。

### （一）运行机制

相比 2019 年度的方案，《福建省 2020 年度碳排放配额分配实施方案》进一步完善了配额分配机制。分配方法上，针对钢铁行业，引进碳排放强度调节机制，即以单位产品加权平均碳排放强度为衡量标准，额外奖励实际碳排放强度低于该标准的企业一定配额，从而激发企业减排积极性；针对陶瓷、平板玻璃行业，引进能源结构调节系数，向能源结构中燃气占比高的企业分配更多配额，鼓励企业用能结构由煤炭向燃气转型；针对航空行业，将历史强度法改为行业基准线法，通过对标行业先进碳排放水平，避免了历史强度法只与自己比而出现"鞭打快牛"的情况。系数调整上，针对采用历史强度法的电网、钢铁、化工等行业，除机场行业调高减排系数外，其余行业均下调减排系数，收紧初始配额分配量。

## （二）交易情况

### 1. 交易主体

交易主体方面，虽然 40 家发电行业控排企业划归全国碳市场开展交易，但由于福建碳市场下调了控排企业纳入的门槛，新增控排企业 42 家，截至 2021 年底，福建碳市场控排企业共 284 家。

### 2. 交易规模

福建碳市场于 2016 年 12 月 22 日开市。截至 2021 年底，福建碳市场碳配额累计成交量达 1357.9 万吨，累计成交额达 2.6 亿元，平均交易价格 19.5 元/吨。[①] 其中，2021 年碳配额成交量 222 万吨，同比上升 124.2%；成交额 3187 万元，同比上升 85.4%（见图 1）。

截至 2021 年底，福建碳市场碳配额累计成交均价 19.5 元/吨。其中，2021 年成交均价为 14.4 元/吨，同比下降 16.8%，已连续 4 年维持在 16 元/吨左右（见图 2），远低于全国碳市场碳配额价格。

### 3. 交易规律

目前，碳市场仍存在明显的履约驱动现象。

福建碳市场：2017~2021 年，福建碳市场履约截止日分别为当年的 6 月 30 日、8 月 15 日、6 月 30 日、8 月 31 日、11 月 30 日。从成交量分布来看，交易多集中在履约截止日附近，呈现为尖峰形态（见图 3），反映出福建碳市场存在明显的履约驱动现象，绿色金融交易潜力有待进一步激发。

全国碳市场：市场启动初期，由于部分控排企业经验不足、履约截止日

---

① 海峡股权交易中心。

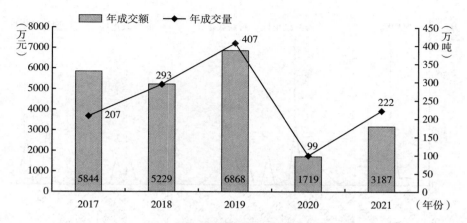

**图1 2017~2021年福建碳市场碳配额年成交额和年成交量**

资料来源：Wind 数据库。

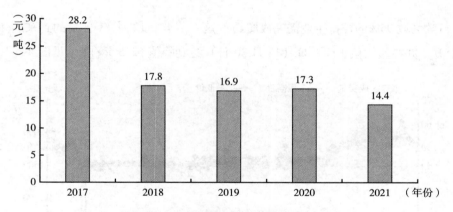

**图2 2017~2021年福建碳市场碳配额年成交均价**

资料来源：Wind 数据库。

未到等原因，市场活跃主体较少、流动配额量不高，交易价格日渐低迷。2021 年 10 月 26 日，生态环境部办公厅发布《关于做好全国碳排放权交易市场第一个履约周期碳排放配额清缴工作的通知》，正式开始 2021 年的履约清缴工作，并要求 12 月 31 日 17 点前全部控排企业完成履约。随着配额核定工作完成和履约截止日临近，市场交易需求持续增长，碳配额价格也随着

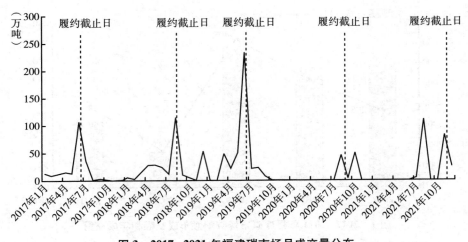

**图3　2017~2021年福建碳市场月成交量分布**

资料来源：Wind数据库。

"行政区域95%的控排企业需完成履约"这一节点（12月15日）的到来陡然上升，并在履约截止前一日（12月30日）达到峰值62.3元/吨（见图4）。[①]

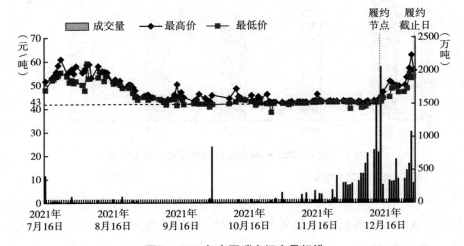

**图4　2021年全国碳市场交易规模**

资料来源：Wind数据库。

---

① 上海环境能源交易所12月成交数据。

### 4. 履约情况

福建碳市场：截至 2021 年底，福建碳市场已连续运行 2016~2020 年度共计 5 个履约周期，2020 年度控排企业应清缴碳排放配额总量 12608.6 万吨（因发电行业企业划归全国碳市场管理，同比减少 44%），履约率保持100%，彰显了福建政府在碳市场建设方面积极作为的卓越成效。同时，福建碳市场的控排企业体现出了较强的履约主动性，福建炼化林德气体有限责任公司、福建大唐国际宁德发电有限责任公司等企业超前谋划碳配额履约，通过制订周密的交易计划、实施碳资产管理、积极开展碳配额与福建林业碳汇、中国核证自愿减排量（CCER）的置换交易等，不仅保证了企业按时履约，还有效控制了履约成本。

全国碳市场：据生态环境部消息，全国碳市场第一个履约周期履约完成率为 99.5%。控排企业方面，五大发电集团基本提前完成配额清缴。履约方式方面，多数控排企业通过 CCER 抵消配额进行履约。

### （三）存在的问题

#### 1. 法律约束力尚显不足

2021 年 9 月 27 日，天津通过了《天津市碳达峰碳中和促进条例》，该条例是全国首部以促进碳达峰碳中和为立法主旨的省级地方性法规，对控排企业碳排放履约职责、违规处罚等进行了规定，自 2021 年 11 月 1 日起施行。福建虽然也通过政府令形式发布了《福建省碳排放权交易管理暂行办法》，但其属于地方政府规章，在缺乏法律、行政法规、地方性法规依据的情况下，不具有对违规行为进行处罚的权力，约束力不足，在一定程度上影响了政策效果。

#### 2. 金融衍生品尚未推广

期货交易在欧洲碳市场中占据主导地位，早在 2013 年，期货交易就已在欧洲碳配额交易中占 85.7%。欧洲期货交易的活跃大大提高了碳市场的流动性，为发现真实的碳配额价格做出了重要贡献。福建碳市场尚未推出碳期货产品，仍以现货交易为主，其他碳金融产品也大多属于示范性质，规模

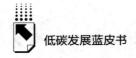

化交易尚不多见，亟须进一步丰富碳金融产品体系，更好地发挥碳市场价格信号对节能减排和低碳投资的引导作用。

## 三　2022年福建碳市场发展形势预测

### （一）数据管理体系加快健全

碳排放的准确量化是市场进行交易的基础保障。现阶段，生态环境部已经印发了《企业温室气体排放核算方法与报告指南　发电设施（2022年修订版）》和《企业温室气体排放报告核查指南（试行）》，对发电行业控排企业的温室气体排放核算和报告进行了统一规范，对省级主管部门开展数据核查的程序和内容提出了严格要求。同时，生态环境部明确将加大力度提升全国碳市场的数据质量，推动《碳排放权交易管理暂行条例》尽早发布，加大对数据造假行为的处罚力度，加强执法保障。为满足国家相关要求，下一步，福建需进一步完善数据管理体系，加强数据统计核查。

### （二）控排企业范围或将进一步扩大

《福建省2020年度碳排放配额分配实施方案》降低了纳入碳市场的控排企业门槛，从2.6万吨二氧化碳当量（综合能源消费量约1万吨标准煤）降低至1.3万吨二氧化碳当量（综合能源消费量约5000吨标准煤），降幅达50%。后期，随着减排降碳工作深入推进，福建碳市场或会借鉴北京、深圳经验，将覆盖行业从当前的9个行业扩大至全行业；同时，控排对象门槛也有望向深圳的7800万吨二氧化碳当量（综合能源消费量约3000吨标准煤）看齐，进一步下调，扩大碳排放管控范围。

### （三）碳配额分配办法将持续完善

自2016年福建碳市场启动以来，碳配额分配办法逐年迭代更新、不断完善，特别是《福建省2020年度碳排放配额分配实施方案》，对行业内各细分领域进行了差异化设置，更加突出奖励先进、惩戒落后的原则。未来，福建省将根据各行业生产运行特点，结合全省能源发展战略，进一步细化深化碳配额分配规则，分类施策促进各个行业低碳化转型。

### （四）碳金融交易品种将逐渐增加

2021年1月29日，兴业信托发布了"兴业信托·利丰A016碳权1号集合资金信托计划"，通过受让碳排放权收益权的形式，创新性地将福建碳市场公开交易价格作为标的信托财产估价标准，向福建三钢闽光股份有限公司提供融资支持。这标志着福建碳市场在碳金融产品创新方面取得实质性的进展。下一步，福建省将继续发挥投融资对减排降碳的推动作用，在碳金融产品上深入探索，引导和撬动更多社会资本投向碳市场建设，提高碳市场的资源配置效率和运行效率。

## 四 2022年福建碳市场发展对策建议

### （一）完善数据管理体系

一是完善碳排放数据核算、报告和核查机制。借鉴北京、上海碳市场数据管理的先进经验，进一步细化深化核算边界、核算方法以及碳排放报告等标准，建立更加严格的复查和审核机制。二是升级数据管理手段。探索引入区块链等数字技术，加强碳排放数据报送、碳配额及CCER交易等关键环节管控。三是强化拟纳入行业的数据基础建设。依据国家组织编写的24个行业企业温室气体排放核算方法与报告指南，提前研究拟纳入行业的核算、报告和核查标准，逐步将福建省碳排放量较高的设备制造、交通运输、纺织等行业纳入碳排放报告范围，为福建碳市场管控范围拓展奠定基础。

### （二）优化配额分配模式

一是探索引入有偿分配模式。借鉴广东经验，选取部分行业作为试点，在初始配额分配中实施免费为主、部分有偿的分配模式，适当收紧配额，并

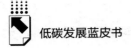

将所得收入用于支持低碳技术、产业的发展及低碳基础设施的建设。二是适时推动碳配额分配方法向行业基准线法转变。历史强度法和历史排放法存在难以充分考虑新增产能、易出现"鞭打快牛"等缺点，随着各行业碳排放数据不断累积，应研究确定行业碳排放基准值，适时推行行业基准线法，进一步突出"奖优罚劣"的导向。

### （三）丰富市场交易产品

一是加快推广碳金融产品。推广碳配额卖出回购、碳配额质押融资等碳金融业务，打通控排企业和第三方机构间的合作渠道，通过碳配额的增值价值和融资价值，激发企业参与碳市场的内生动力；推广清洁发展机制（CDM）下的融资模式，接受 CCER 作为抵押品，激励企业和个人积极开发自愿减排项目。二是积极探索碳普惠产品。探索建立碳普惠核证自愿减排机制，鼓励未纳入碳市场的企业、社区和个人自愿参与绿色用能、绿色出行、绿色消费等减排活动，产生的减排量经认证成为碳普惠核证自愿减排量后，允许进入碳市场交易。

### （四）加大监督监管力度

一是实施联合监管。由福建省生态环境厅牵头，联合工商、统计、金融监管等部门，综合运用行政、经济等多种手段，联合督促约束控排企业。二是加强立法保障。借鉴天津经验，探索出台地方性法规，进一步规范碳市场相关主体履约清缴、监测报告等职责，以更高层次的立法保障碳市场各项制度有效实施。

**参考文献**

周小全：《锚定"双碳"战略目标深化全国碳市场建设》，《上海证券报》2022 年 1 月 6 日，第 8 版。

# B.5
# 2022年福建省低碳技术发展分析报告

陈柯任　陈思敏　陈晚晴　项康利*

**摘　要：** 能源领域、工业领域和交通运输领域是碳排放的三大来源，各领域内低碳技术的发展与应用是实现碳达峰碳中和的关键。能源领域，风电、光伏、核电、生物质发电等清洁能源技术发展迅速。2021年福建省风电装机规模达到735万千瓦，同比增长51.2%；光伏装机达277万千瓦，同比增长36.9%；核电装机规模达到986万千瓦，同比增长13.2%。工业领域，钢铁行业直接还原炼铁技术和电弧炉炼钢技术迅速发展；有色金属行业无碳电解铝技术、旋浮冶炼技术、有色金属回收再生技术持续迭代；石化化工行业原油蒸汽裂解技术、变换气制碱技术等引领流程工艺创新；建材行业水泥窑协同处置废弃物技术，原料替代技术，节能工艺改造技术以及碳捕集、利用与封存（CCUS）技术促进了水泥生产过程节能降碳。交通领域，动力电池技术的发展和充电设施的完善推动新能源车渗透率的提升，港口岸电技术和电池动力技术的发展促使新能源船逐步得到应用；电力机车技术领跑全球且在国内应用广泛。在国家深入推进碳达峰碳中和目标的背景下，预计2022年福建省清洁能源供给比例将持续提升，工业节能降耗技术将成为发展重点，新能源交通工具将得到广

---

* 陈柯任，工学博士，国网福建省电力有限公司经济技术研究院，研究方向为能源经济、低碳技术、能源战略与政策；陈思敏，工学硕士，国网福建省电力有限公司经济技术研究院，研究方向为能源经济、能源战略与政策；陈晚晴，工学硕士，国网福建省电力有限公司经济技术研究院，研究方向为综合能源、能源战略与政策；项康利，工学硕士，国网福建省电力有限公司经济技术研究院，研究方向为能源经济、能源战略与政策。

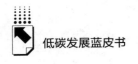

泛应用。

**关键词：** 低碳技术 清洁能源 工业减排 低碳交通

本报告重点梳理能源领域、工业领域、交通运输领域的低碳技术。由于技术是通用的，且国内技术交流频繁、省际壁垒不高，低碳技术往往在被市场认可后就逐步在全国范围内得到推广。本报告重点梳理我国低碳技术的发展现状，有针对性地分析福建省相应技术的发展情况，并主要围绕福建省技术应用和发展趋势进行分析，提出相关建议。

# 一 我国及福建省低碳技术发展现状

## （一）能源领域低碳技术

能源领域低碳技术主要包括风电、光伏、核电、生物质发电、氢能、储能等技术，通过以上技术创新可以有效推动清洁低碳安全高效的现代能源体系建设，助力能源领域降碳。

### 1. 风电技术发展情况

（1）全国情况

风电机组大型化趋势加速。单机规模方面，2021年陆上风电单机容量以3~4兆瓦为主，海上风电以5~7兆瓦为主，均较上年有所提升。同时，金风科技、明阳智能、东方风电和中国海装等企业陆续推出了单机容量10兆瓦以上的海上风电机型，其中明阳智能和中国海装推出了单机容量为16兆瓦的海上风机，刷新了海上风机最大单机容量纪录。叶轮直径方面，2021年金风科技、明阳智能、东方风电、中国海装等企业推出的风机叶轮直径超过了200米，其中中国海装推出的16兆瓦机组叶轮直径达256米。2021年主要风机厂商发布的新型机型见表1。

表 1　2021 年主要风机厂商发布的新型机型

| 整机商 | 新型机型名称 | 单机容量（兆瓦） | 风轮直径（米） |
|---|---|---|---|
| 金风科技 | 陆上 GWH171-3.85/4.0/4.5/5.0/5.3/5.6/6.0/6.25MW | 3.85~6.25 | 171 |
| | 陆上 GWH182-7.2MW | 7.2 | 182 |
| | 陆上 GWH191-4.0/4.55/5.0/6.0/6.7MW | 4.0~6.7 | 191 |
| | 海上风机系列产品 GWH242-12MW | 12.0 | 242 |
| 远景能源 | Model Y 平台 EN-200/7.0MW | 7.0 | 200 |
| | EN-190/8.0MW | 8.0 | 190 |
| 明阳智能 | 陆上机组 MySE7.X 兆瓦风电机组 | 7.X | — |
| | 陆上低风速区域 MySE4.0-182 | 4.0 | 182 |
| | 陆上中高风速区域 MySE6.25-182 | 6.25 | 182 |
| | 海上漂浮式机型 MySE5.5-155 | 5.5 | 155 |
| | 海上 MySE6.0 系列机型 | 6.0 | 198 |
| | 海上 MySE11 系列机型 | 11-12.X | 203-23X |
| | 海上 MySE16 系列机型 | 16.0 | 242 |
| 电气风电 | "POSEIDON"海神平台 EW8.0-208 机组 | 8.0 | 208 |
| | "Petrel"海燕平台 EW11.0-208 机组 | 11.0 | 208 |
| | 陆上卓刻平台 WH4.65N-192 | 4.65 | 192 |
| | 陆上卓刻平台 WH5.0N-192 | 5.0 | 192 |
| 运达股份 | 低风区,大叶轮高扫风面积,海风平台机组 WD19X-7.X-OS | 7.X | 19X |
| | 中高风区,大叶轮抗台型,海风平台机组 WD22X-10.X-OS | 10.X | 22X |
| | 高风区,抗台型大容量,海风平台机组 WD24X-15.X-OS | 15.X | 24X |
| 中车风电 | 5.XMWD175 | 4.0~6.0 | 175 |
| | 6.XMWD185 | 6.25~6.75 | 175~185 |
| | 7.XMWD195 陆上风机平台 | 7.X | 195 |
| 东方风电 | 13 兆瓦等级海上风电机组 | 12.5、13 | 211 |
| 三一重能 | 6.XMW 风电机组 | 6.X | — |
| 中国海装 | H256-16MW 海上风电机组 | 16.0 | 256 |
| | H171-4.0MW-163mHH 陆上混塔机组 | 4.0 | 171 |
| 联合动力 | UP6500-184 | 6.5 | 184 |
| | UP7000-195 | 7.0 | 195 |
| 华锐风电 | SL4.X 平台机组 | 4.X | 156~172 |
| | SL6.X/172/186 系列机组 | 5.5~6.25 | 172/186 |

资料来源：根据网络资料整理。

漂浮式海上风电已成为深远海风电发展的关键。传统海上风电机组通常固定于近海海床，但面向深远海风电时，这种固定方式施工难度大且成本较高，无法满足开发需求。漂浮式海上风电技术则将风电机组放置于浮动装置上，并通过系泊和锚固来稳定。该技术被认为是深远海风电开发的主要技术，多个国家和地区已开展探索。挪威于2009年成功安装了全球首台漂浮式海上风电机组，标志着海上风电迎来了漂浮式时代。截至2021年底，漂浮式海上风电在美国、法国、英国、日本等国家均有落地应用。2021年12月7日，中国首台漂浮式海上风电机组"三峡引领号"在广东阳江成功并网，是全球首台抗台风型漂浮式海上风电机组，漂浮平台排水量约1.3万吨，单机容量为5.5兆瓦，叶轮直径158米，最高可抗17级台风。

（2）福建省情况

海上风电成为福建风电增长的主力。装机方面，截至2021年底，福建省风电累计装机规模达到735万千瓦，① 新增249万千瓦，同比增长51.2%，占电源总装机规模的10.5%，较上年提升2.9个百分点；全年风电发电量为152亿千瓦时，同比增长24.2%，占总发电量的5.2%，较上年提升0.6个百分点。其中，海上风电装机规模为314万千瓦，同比新增238万千瓦，占新增风电装机的95.7%；全年发电量为49亿千瓦时，占风电发电量的32.2%。海上风电已呈现爆发式增长态势。技术方面，福建省平潭综合实验区于2018年2月与法国通尼斯新能源科技公司签署合约，计划共同投资建设6兆瓦和12兆瓦垂直浮轴漂浮式海上风电项目，但该项目尚未有实质进展。装机成本方面，2021年福建省陆上风电平均上网电价为0.3181元/千瓦时，较燃煤基准电价低0.0751元/千瓦时；福建省海上风电平均上网电价为0.537元/千瓦时，是中国沿海省区中最低的。

**2. 光伏技术发展情况**

（1）全国情况

电池转换效率进一步提升。光伏电池片主流技术已经从发射极和背面钝

---

① 福建省风电、光伏发电、核电、生物质发电装机及发电量数据来源于国网福建省电力有限公司，本报告装机占比用源数据计算。

化电池（PERC）逐渐发展到效率更高的隧穿氧化层钝化接触（TOPCon）电池和异质结（HJT）电池。量产转换效率方面，2021年9月，隆基股份TOPCon电池转换效率达到25.2%。2021年7月，福建省钜能电力HJT电池最高转换效率达到了25.3%，刷新了量产HJT电池转换效率的世界纪录。实验室转换效率方面，2021年10月，晶科能源TOPCon电池最高实验室转换效率达25.4%，为一年来第四次刷新TOPCon电池转换效率的世界纪录；2021年10月，隆基股份公司HJT电池最高实验室转换效率为26.3%。

（2）福建省情况

分布式光伏装机增长步伐加快。截至2021年底，福建省光伏新增装机75万千瓦，累计装机达277万千瓦，同比增长36.9%，光伏装机占电源总装机规模的4.0%，较上年提升0.9个百分点；全年光伏发电量为25亿千瓦时，同比增长30.3%，占总发电量的0.85%，较上年提升0.12个百分点。其中，分布式光伏新增装机73.6万千瓦，较上年增加33.4万千瓦；累计装机为237万千瓦，占光伏装机的85.9%；全年发电量为20亿千瓦时，占光伏发电量的81.2%。

光伏发电成本竞争优势愈加明显。2020年全国光伏电站的初始投资成本为3.49元/瓦，较上年约下降12.5%。据中国光伏行业协会测算，在2021年光伏地面电站全投资模式下，利用小时数为1800小时、1500小时、1200小时、1000小时对应的平准化度电成本分别为0.20元/千瓦时、0.24元/千瓦时、0.29元/千瓦时、0.35元/千瓦时，已经明显低于福建省燃煤基准电价水平，竞争优势突出。

**3. 核电技术发展情况**

（1）全国情况

国产三代核电技术发展迅猛。2019年以来，中国核电建设加速，陆续批复了太平岭、漳州、三澳、昌江等6个国产三代核电"华龙一号"机组项目。2021年5月20日，中国三代核电技术首次走出国门，在巴基斯坦卡拉奇核电项目中正式投入商运，意味着中国三代核电技术逐步走向国际。

国产四代核电技术加紧研发。一是高温气冷堆技术实现突破。高温气冷堆是用气体作为冷却剂的气冷反应堆技术，被认为是最有前途的第四代核电反应堆堆型。2021 年 9 月，华能石岛湾高温气冷堆核电站示范工程 1 号反应堆正式开启带核功率运行，该机组是世界首座球床模块式高温气冷堆，设备国产化率达到 93.4%。二是钍基熔盐实验堆开启调试工作。钍基熔盐堆核电是第四代先进核电技术之一，具有安全性高，核废料少，防扩散性、经济性更好的特点。2021 年 9 月，甘肃武威实验性钍反应堆主体工程已完工并开始调试。该堆型使用熔盐进行换热，对水资源要求很低，因此可以解决核电站选址问题。同时，中国钍资源较为丰富，可以充分保障燃料供应。

（2）福建省情况

国产三代核电技术正式在福清应用。2021 年 1 月 30 日，全球首个"华龙一号"反应堆福清核电 5 号机组正式投入商运，该机组核心设备全部国产化，标志着"华龙一号"三代核电技术已经达到世界前列水平。

核电在福建能源体系中的"压舱石"作用凸显。截至 2021 年底，福建省核电累计装机规模达到 986 万千瓦，同比增长 13.2%，核电装机占电源总装机规模的 14.1%，较上年提升 0.4 个百分点。全年核电利用小时数达到 7896 小时，同比增加 422 个小时，发电量为 777 亿千瓦时，同比增长 19.2%，占总发电量的 26.5%，较上年提升 1.8 个百分点。核电是福建省发电量仅次于火电的第二大类型电源，在能源低碳转型中发挥了重要的保障作用。

**4. 生物质发电技术发展情况**

生物质发电包括垃圾发电、农林生物质发电、沼气发电等。其中，垃圾发电是中国装机规模最大的生物质发电，是将生活垃圾在焚烧炉内高温燃烧，驱动汽轮机组发电的技术。

（1）全国情况

中国垃圾发电焚烧炉以机械炉排焚烧炉为主。垃圾发电最关键的设备是焚烧炉，主要包括机械炉排焚烧炉、流化床焚烧炉、回转窑焚烧炉等类型。由于中国垃圾具有成分复杂、含水量高、热值不稳定、日处理量大等特点，中国垃圾发电使用最多的为机械炉排焚烧炉。该炉型采用了层状燃烧技术，靠炉排间的相对运动使垃圾不断翻动、搅拌并推向前进，实现垃圾的充分干燥与燃烧，单台炉处理量大，最大可达 1200 吨/日，设备运行时间可达8000 小时/年以上。

生物质发电全面执行竞争性配置。2021 年 8 月，国家发改委等 3 部门联合发布《2021 年生物质发电项目建设工作方案》，明确 2021 年 1 月 1 日（含）以后新开工的生物质发电项目为竞争性项目，竞争性配置项目补贴总额为 5 亿元，按照报价低的先得进行竞价，并要求并网电价低于对应非竞争性配置项目的并网电价，其中垃圾发电要低于 0.65 元/千瓦时。

（2）福建省情况

福建省生物质发电规模体量较小。截至 2021 年底，福建省生物质发电累计装机规模为 94 万千瓦，同比增长 16.7%，仅占电源总装机规模的 1.3%；其中，垃圾发电装机为 84.2 万千瓦，占福建省生物质发电装机的 89.8%，农林生物质发电、沼气发电装机分别为 6.2 万千瓦、3.3 万千瓦。福建省全年生物质发电量为 53 亿千瓦时，同比增长 33.3%，占总发电量的 1.8%。

**5. 氢能技术发展情况**

（1）全国情况

氢能技术取得多点突破。制氢和加氢方面，2021 年全国共有 4 项制氢和加氢技术装备入选国家能源局首台（套）重大技术装备项目，分别为中国船舶集团有限公司第七一八研究所兆瓦级质子交换膜电解水制氢设备、上海重塑能源科技有限公司质子交换膜燃料电池供能装备、北京低碳清洁能源研究院 35 兆帕快速加氢机、江苏国富氢能技术装备股份有限公司 70 兆帕集装箱式高压智能加氢成套装置，为后续制氢和加氢技术发展奠定了良好基础。氢能储运方面，中国高压气态储运氢技术相对成熟，也是中国氢能储运的主要方式。液态储氢应用处于起步阶段，2021 年 12 月，全国首座液氢油电综合供能服务站于浙江嘉兴平湖市投入使用。氢能应用方面，燃料电池汽车技术相对成熟，2021 年批准北京、上海、广东为首批氢燃料电池汽车示范城市群，重点推动中远途、中重型商用车示范应用。

（2）福建省情况

省市层面均大力发展氢能产业。2021 年 10 月，福建省印发《福建省氢能产业发展规划（2021—2025）（征求意见稿）》，提出到 2025 年健全强化氢能全产业链，培育 20 家具有全国影响力的知名企业，实现氢能产值 500 亿元以上。2021 年 1 月，福州市工信局等部门联合印发了《福州市促进氢能源产业发展扶持办法》，在基础设施建设、加氢站运营、氢燃料电池汽车购置、科技创新等环节为氢能发展提供支持。

### 6. 储能技术发展情况

储能技术包括机械储能、电磁储能、电化学储能、相变储能等。当前，电化学储能技术处于推广应用阶段，更新迭代速度较快，也是新能源领域和储能领域关注的重点，因此本部分主要介绍电化学储能的发展和应用情况。

（1）全国情况

中国大型电化学储能以磷酸铁锂电池为主。相较于其他锂离子电池，磷酸铁锂电池具有稳定性高、循环寿命长等优点（见表 2），能量密度为 130~180 瓦时/千克，充放电循环寿命达 2000~6000 次，近乎成为中国大型电化学储能的专用电池。截至 2021 年底，全国已投产大型新型储能电站绝大部分采用磷酸铁锂电池作为储能元件，如山东省 27 座大型电化学储能电站中共有 26 座采用磷酸铁锂电池，福建省仅有的 1 座电化学储能电站也采用磷酸铁锂电池。

**表 2　多种类型锂离子电池性能比较**

|  | 磷酸铁锂电池 | 锰酸锂电池 | 钴酸锂电池 | 三元锂（镍钴锰酸锂）电池 | 钛酸锂电池 |
|---|---|---|---|---|---|
| 能量密度（瓦时/千克） | 130~180 | 130~180 | 180~260 | 180~250 | 50~80 |
| 充电（倍率） | 1C*，最大 4C | 0.7 ~ 1C，最大 3C | 0.7~1C,1C 以上会缩短寿命 | 0.7~1C,1C 以上会缩短寿命 | 典型 1C，最大 5C |
| 放电（倍率） | 1C,可实现 2.5C | 1C | 1C | 1C,可实现 2C | 可达 10C |
| 循环寿命（次） | 2000~6000 | 500~2000 | 500~1000 | 800~2000 | >10000 |
| 热失控 | 270℃，充满非常安全 | 250℃，高负荷促进热失控 | 150℃，满充易带来热失控 | 210℃，高负荷促进热失控 | 相对最安全的锂电池 |
| 环保性 | 无毒 | 无毒 | 钴有毒 | 镍、钴有毒 | 无毒 |

注：C 表示电池充放电能力倍率，1C 表示电池 1 小时完全放电时电流强度。

资料来源：张宝锋等：《电化学储能在新能源发电侧的应用分析》，《热力发电》2020 年第 8 期。

钠离子电池或成为大型电化学储能新技术。钠离子电池的工作原理与锂离子电池相似，但与金属锂相比，钠资源更丰富、成本更低。因此，钠离子电池在大规模储能领域比锂离子电池具有更高的性价比。2021年，共有近30家新能源企业对钠离子电池技术路线和生产线进行了研发和布局。2021年12月23日，中科海钠、三峡能源明确钠离子电池规模化目标，计划于2022年在安徽省阜阳市投产全球首条钠离子电池规模化生产线，规划产能500万千瓦时，其中2022年投产100万千瓦时。

电化学储能安全技术仍然亟待突破。2017~2021年，国内外发生了30余起电化学储能电站的火灾事故。2021年4月16日，北京大红门储能电站发生爆炸，该事故的直接原因是电池间内的单体磷酸铁锂电池发生短路故障，引发电池及电池模组热失控扩散起火，产生了易燃易爆气体并扩散。频繁的安全事故对电化学储能行业发展产生了深远影响，也反映了电化学储能安全技术亟待突破的现实需求。与此同时，2021年国家陆续出台了《电化学储能电站安全管理暂行办法（征求意见稿）》《电化学储能电站安全规程（征求意见稿）》等规范性文件和标准，推动电化学储能安全发展。

电化学储能规模化发展趋势明显。2021年，国家和省级层面陆续出台多项储能政策，推动新型储能市场化应用。国家层面，2021年7月，《国家发展改革委 国家能源局关于加快推动新型储能发展的指导意见》提出，将加速推进新型储能由商业化初期向规模化发展转变，健全"新能源+储能"项目激励机制；2021年8月，《国家发展改革委 国家能源局关于鼓励可再生能源发电企业自建或购买调峰能力增加并网规模的通知》鼓励发电企业自建储能或调峰能力，允许发电企业购买储能或调峰能力。省级层面，2021年已有湖南、广西、内蒙古、陕西等17个省（区、市）出台新能源发电项目储能配置要求，整体储能配置比例在5%~30%，备电时长在1~4小时（见表3）。

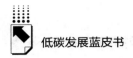
表3  2021年部分新能源储能配置要求

| 序号 | 地区 | 发文时间 | 文件名称 | 储能配置要求 |
|---|---|---|---|---|
| 1 | 湖南 | 2021年10月 | 《湖南省发展和改革委员会关于加快推动湖南省电化学储能发展的实施意见》 | 风电、集中式光伏发电项目应分别按照不低于装机容量15%、5%比例（储能时长2小时）配置储能电站 |
| 2 | 广西 | 2021年10月 | 《广西壮族自治区能源局关于印发2021年市场化并网陆上风电、光伏发电及多能互补一体化项目建设方案的通知》 | 风电要求配置20%，2小时储能；光伏项目要求配置15%，2小时储能 |
| 3 | 内蒙古 | 2021年10月 | 《内蒙古自治区能源局关于公布自治区2021年保障性并网集中式风电、光伏发电项目优选结果的通知》 | 优选结果中，风电配置20%~30%/2小时储能，光伏配置15%~30%/2小时储能 |
| 4 | 山西 | 2021年9月 | 《山西省2021年竞争性配置风电、光伏发电项目评审结果的公示》 | 评审结果中，阳泉市风电项目配置10%储能；大同、朔州、沂州、阳泉4地光伏项目配置10%~15%储能 |
| 5 | 安徽 | 2021年8月 | 《安徽省能源局关于2021年风电、光伏发电开发建设有关事项的通知（征求意见稿）》 | 对于保障性规模，竞争性配置中要求配置储能为45分，要求储能电站连续储能时长1小时，循环次数不低于6000次，系统容量10年衰减不超过20% |
| 6 | 天津 | 2021年8月 | 《关于天津市2021—2022年风电、光伏发电项目开发建设方案的公示》 | 此次公布风电项目93万千瓦，配置储能15%；风电项目432万千瓦，配置储能10% |
| 7 | 湖北 | 2021年7月 | 《湖北省能源局关于2021年平价新能源项目开发建设有关事项的通知》 | 可配套的新能源项目规模小于基地规模的，不足部分应按照化学储能容量不低于10%、时长不低于2小时、充放电不低于6000次的标准配置储能 |
| 8 | 河北 | 2021年7月 | 《河北省发展和改革委员会关于做好2021年风电、光伏发电开发建设有关事项的通知》 | 企业承诺按项目申报容量15%以上配置储能装置的，得10分，储能配置比例低于15%按插值法得分。储能配置要求按连续储能时长2小时及以上，满足10年（5000次循环）以上工作寿命，系统容量10年衰减率不超过20%，且须与发电项目同步投运 |

续表

| 序号 | 地区 | 发文时间 | 文件名称 | 储能配置要求 |
|---|---|---|---|---|
| 9 | 河南 | 2021年6月 | 《河南省发展和改革委员会关于2021年风电、光伏发电项目建设有关事项的通知》 | Ⅰ类地区基础储能配置10%、2小时，Ⅱ类地区基础储能配置15%、2小时，Ⅲ地区基础储能配置20%、2小时 |
| 10 | 甘肃 | 2021年5月 | 《甘肃省发展和改革委员会关于"十四五"第一批风电、光伏发电项目开发建设有关事项的通知》 | 河西地区最低按电站装机容量的10%配置，其他地区最低按电站装机容量的5%配置，储能设置连续储能均不低于2小时 |
| 11 | 福建 | 2021年5月 | 《福建省发展和改革委员会关于因地制宜开展集中式光伏试点工作的通知》 | 本次试点项目光伏总规模300兆瓦，储能配置不低于开发规模的10% |
| 12 | 海南 | 2021年3月 | 《海南省发展和改革委员会关于开展2021年度海南省集中式光伏发电平价上网项目工作的通知》 | 每个光伏申报项目不得超过100兆瓦，且需同步配套建设备案规模10%的储能装置 |
| 13 | 陕西 | 2021年3月 | 《关于促进陕西省可再生能源高质量发展的意见（征求意见稿）》 | 从2021年起，关中、陕北新增10万千瓦以上集中式风电、光伏项目按照不低于装机容量10%配置储能设施，其中榆林地区不低于20%，新增项目储能设施按连续储能时长2小时以上，储能系统满足10年（5000次循环）以上工作寿命，系统容量10年衰减率不超过20%，且须与发电项目同步投运 |
| 14 | 山东 | 2021年2月 | 《2021年全省能源工作指导意见》 | 新能源场站原则上配置不低于10%储能设施 |
| 15 | 青海 | 2021年1月 | 《关于印发支持储能产业发展若干措施（试行）的通知》 | 实行"新能源+储能"一体化开发模式。新建新能源项目，储能容量原则上不低于新能源项目装机量的10%，储能时长2小时以上。对储能配比高、时间长的一体化项目予以优先支持 |
| 16 | 山西大同 | 2021年1月 | 《大同市关于支持和推动储能产业高质量发展的实施意见》 | "十四五"期间，大同市增量新能源项目全部配置储能设施，配置比例不低于5% |

| 序号 | 地区 | 发文时间 | 文件名称 | 储能配置要求 |
|---|---|---|---|---|
| 17 | 宁夏 | 2021年1月 | 《关于加快促进自治区储能健康有序发展的指导意见（征求意见稿）》 | "十四五"期间，按照不低于新能源装机的10%，连续储能时长2小时以上的原则逐年配置 |
| 18 | 贵州 | 2021年1月 | 《关于上报2021年光伏发电项目计划的通知》 | 在送出消纳受限区域，计划项目需配备10%的储能设施 |

资料来源：根据网络资料整理。

### （2）福建省情况

政策和技术方面均加快布局。2021年，福建省要求集中式光伏试点项目储能配置不低于开发规模的10%。2021年7月29日，宁德时代发布了第一代钠离子电池，具有能量密度高、充电速度快、耐低温性能好等优点，电芯单体能量密度达160瓦时/千克，在常温下充电15分钟电量可达80%，在-20℃的低温环境下仍然有90%以上的放电保持率。

## （二）工业领域低碳技术

钢铁、有色金属、石化化工和建材是工业碳排放的主要来源，对碳达峰碳中和目标的实现具有重要影响。2021年10月，国务院印发的《2030年前碳达峰行动方案》明确，工业领域要推动钢铁、有色金属、石化化工和建材行业率先碳达峰。本报告主要介绍以上四个行业中的相关低碳技术。

### 1. 钢铁行业低碳技术发展情况

钢铁行业低碳技术主要聚焦于冶炼环节，包括直接还原炼铁技术和电弧炉炼钢技术等。

直接还原炼铁技术是在低于矿石软化温度下用还原剂将铁矿石还原成金属铁的技术。与传统高炉炼铁相比，直接还原炼铁的产品含碳量低3~4.2

---

① 《宁德时代发布第一代钠离子电池电芯单体能量密度达160Wh/kg》，新浪网，2021年7月29日，http：//k.sina.com.cn/article_5911038801_160534b5100100w34s.html。

个百分点。直接还原炼铁技术包括煤基法和气基法。煤基法以煤为还原剂，气基法以天然气、氢气等为还原剂。其中以氢气为还原剂的称为氢基直接还原炼铁技术，该方法不产生二氧化碳排放。

电弧炉炼钢技术是以废钢或生铁等为主要原料、用电弧的热效应炼钢的方法，属于不含炼铁流程的短流程炼钢技术。长流程炼钢与短流程炼钢的对比见表4。电弧炉炼钢的原料至钢水能耗为213.73千克标准煤/吨钢、二氧化碳排放为800千克/吨钢，仅分别为高炉-转炉炼钢的30.4%和26.7%~40.0%。

**表4 长流程炼钢与短流程炼钢对比**

|  | 长流程（高炉-转炉炼钢） | 短流程（电弧炉炼钢） |
| --- | --- | --- |
| 吨钢投资（元） | 6350~9525 | 3175~5080 |
| 劳动生产率[吨钢/(人·年)] | 600~800 | 1000~3000 |
| 建设周期（年） | 4 | 1~1.5 |
| 原料至钢水能耗（千克标准煤/吨钢） | 703.17 | 213.73 |
| 二氧化碳排放（千克/吨钢） | 2000~3000 | 800 |

资料来源：黄亮：《钢铁长流程和短流程生产模式环境影响对比分析》，《环境保护与循环经济》2016年第4期。

（1）全国情况

氢基直接还原炼铁技术逐渐兴起。近年来，中国多家钢铁企业开展了氢基直接还原炼铁技术应用。2020年，日照钢铁采用氢基直接还原炼铁技术启动了50万吨氢冶金项目的建设；中晋冶金30万吨氢基还原铁生产线进入生产调试阶段，标志着国内首套氢基竖炉正式投产。2021年，河钢集团建设了60万吨直接还原铁工厂，使用含氢量约70%的补充气源，较不含氢的气基还原炼铁技术降低了碳排放，每吨直接还原铁仅产生250千克二氧化碳。2021年底，宝钢湛江启动100万吨级氢冶金工程建设，这也是中国首个自主集成的百万吨级直接加氢气进行还原生产的竖炉。

中国电弧炉炼钢技术已有发展但应用比例较低。截至2021年6月，中国炼钢电炉数量达到351座，较2018年增加了16%，全废钢电弧炉炼钢产能约1.23亿吨，主要分布在广东、福建、江苏等地。但电弧炉炼钢技术需

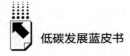
要大量的废钢资源，中国废钢积累量不足且价格较高，在一定程度上制约了电弧炉炼钢技术的发展。截至2020年底，中国电弧炉炼钢技术占炼钢工艺的比例仅为10%左右，远低于美国（69.7%）、欧盟（41.3%）、韩国（31.8%），也低于全球平均水平17.9个百分点。

（2）福建省情况

氢基直接还原炼铁技术方面，福建省尚未有氢冶金落地项目，但三钢集团已提出将积极实践氢冶金技术。电弧炉炼钢技术方面，福建全废钢电弧炉炼钢产能占全国总产能的10%，① 位列第二。在技术升级上，三宝钢铁公司积极对已有的电炉进行升级改造，且被纳入福建省2022年度重点项目。② 福建省鼎盛钢铁、荣兴特种钢业、全盛钢业等纯电弧炉炼钢厂都因废钢资源紧缺而难以满产。

2. 有色金属行业低碳技术发展情况

有色金属行业低碳技术主要体现在冶炼工艺创新、再生资源循环利用等方面。冶炼工艺创新根据冶炼的有色金属不同而有所差异，如铝冶炼有无碳电解铝技术，该技术产生的碳排放接近于零；铜、镍、铅、金等金属冶炼有旋浮冶炼技术，该技术被国家发改委列入《国家重点节能低碳技术推广目录》（2015年本，节能部分）。再生资源循环利用即有色金属回收再生技术。

无碳电解铝技术是一种电解过程中采用特殊的惰性阳极和阴极材料使得阳极产生氧气而不产生二氧化碳的技术，可以将电解铝直接碳排放降低至接近于零。

旋浮冶炼技术是通过构建倒龙卷的涡旋流场，使有色金属反应塔内的反应颗粒充分碰撞的技术。该技术较传统冶炼反应更充分，是适用于铜、镍、铅、金等有色金属的冶炼工艺，能有效降低能耗、碳排，如旋浮炼铜综合能

---

① 《中国电弧炉发展现状：废钢不足是核心问题，二噁英污染需要关注》，"全员废钢QYFG"百家号，2021年6月7日，https：//baijiahao.baidu.com/s？id＝1701887223274303693&wfr＝spider&for＝pc。

② 《钢铁行业报告（钢铁行业深度分析报告）》，环球信息网，2021年7月19日，https：//www.gpbctv.com/jrrd/202107/298666.html。

耗为 150 千克标准煤/吨粗铜，较传统炼铜综合能耗低 50%左右。

有色金属回收再生技术是将废弃有色金属重熔再生产的技术。由于有色金属储量、产量有限，回收再生技术对有色金属行业可持续发展、资源节约、节能减排具有重大意义。目前，铜、铝、铅、锌、锂、钨、钼、钴等有色金属均发展了回收再生技术。从二氧化碳排放来看，废铝重熔生产铝的电耗较氧化铝电解下降 94.8%，二氧化碳排放减少 90%以上。

（1）全国情况

中国无碳电解铝技术未真正起步。无碳电解铝技术是近几年取得突破的新兴低碳技术，2018 年，力拓集团与美国铝业公司发布了全球首个无碳电解铝技术项目，该项目研发生产的铝已应用于苹果公司 16 英寸 MacBook Pro、百威英博啤酒罐、奥迪电动车车轮等产品中。2021 年 4 月，俄罗斯铝业公司也宣布利用该技术进行原铝生产，吨铝碳排放可小于 0.01 吨，但尚未商业化应用。中国无碳电解铝技术仍未真正起步，仅中南大学和魏桥创业集团于 2021 年 11 月签署了惰性阳极无碳电解铝关键技术的合作意向书。

中国首创的旋浮冶炼技术已成熟应用于国内外。2009 年 5 月，祥光铜业自主研发了旋浮冶炼技术，将铜生产能力由 20 万吨/年提高至 50 万吨/年，成为当时世界上单系统产能最大的铜冶炼厂。该技术也打破了国外对铜冶炼核心技术的长期垄断，使中国铜冶炼技术跃升到了国际领先水平。此后，河南中原黄金冶炼厂、白银有色集团、中铝东南铜业等多家大型铜冶炼企业陆续采用了该技术。2020 年祥光铜业旋浮冶炼技术正式出口至美国最大铜冶炼厂力拓肯尼科特公司并顺利投产，2021 年该技术第二次踏入海外市场，出口至塞尔维亚龙头企业紫金波尔铜业。

中国有色金属回收再生技术推广率有待提升。中国有色金属回收再生技术推广率与发达国家还有较大差距。2020 年，中国再生有色金属产量达到 1450 万吨。其中，中国再生铜 325 万吨，占精炼铜产量的 32.4%，低于美国 17.6 个百分点；中国再生铝产量 740 万吨，占铝产量的 20%，低于美国 50 个百分点，而日本已实现 100%再生铝冶炼；中国再生铅产量 240 万吨，

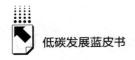

占铅产量的 37.25%，而美国已实现 100% 再生铅冶炼。①

（2）福建省情况

福建省尚未开展无碳电解铝技术攻关，旋浮冶炼技术已有应用，2015 年建设、2018 年投产的 40 万吨铜冶炼基地项目通过应用旋浮冶炼技术，年产阴极铜达 40 万吨。2020 年起，福建省大力发展有色金属再生产业，规划、建设、投产了多项有色金属回收再生项目。将乐煌源再生铝项目一期已于 2020年 12 月投产，二期预计于 2023 年底完工；南安海西有色金属集中管理区（一期）项目预计年产再生铜 14 万吨，项目均已纳入福建省 2022 年度重点项目；美佳有色金属投产 10 万吨/年再生铝加工项目于 2021 年 5 月投产。

**3. 石化化工行业低碳技术发展情况**

石化化工行业包括炼油、乙烯、纯碱、合成氨等细分行业，各行业低碳技术均主要体现在工艺流程的创新方面，如制乙烯和丙烯的原油蒸汽裂解技术、制纯碱与合成氨的变换气制碱技术等。

原油蒸汽裂解技术是省去传统原油精炼过程，将原油直接转化为乙烯、丙烯等化学品的技术，化学品收率近 50%，较传统石脑油裂解技术提高约 20 个百分点，进而降低了生产成本、能耗和碳排放。

变换气制碱技术是联合生产纯碱与合成氨的技术，该技术将纯碱的碳化工序与合成氨的脱碳工序相结合，节省了合成氨脱碳需要消耗的能量，生产单位产品较传统的联合制碱技术节能 25 千克标准煤。

（1）全国情况

原油蒸汽裂解技术初步实现工业化应用。2014 年，埃克森美孚在新加坡投产运行了年产 100 万吨的原油蒸汽裂解制乙烯装置，首次实现全球原油蒸汽裂解技术的工业化，较常规"炼油+馏分油蒸汽裂解"流程综合能耗降低 20% 以上。② 2021 年，中国石化的"轻质原油裂解制乙烯技术开发及工

---

① 《"十四五"再生有色金属产业发展战略研究思路和重点》，中国有色金属工业协会再生金属分会网站，2021 年 7 月 15 日，http://www.cmra.cn/cmra/xiehuigongzuo/20210715/233392.html。

② 《我国原油蒸汽裂解技术首次工业化应用成功》，新华网，2021 年 11 月 17 日，http://www.news.cn/fortune/2021-11/17/c_1128072764.htm。

业应用"实验成功，是原油蒸汽裂解技术在国内的首次工业化应用。但截至 2021 年，全球仅埃克森美孚和中国石化成功实现了该技术的工业化应用，该技术还需进一步研发和推广。

变换气制碱技术成熟但有待普及。该技术于 1999 年通过国家石油和化学工业局技术鉴定，是中国继侯德榜发明联合制碱法后又一次在世界上首创的新纯碱生产工艺。截至 2018 年，中国采用联合制碱法生产纯碱的企业共30 家，其中采用变换气制碱技术的企业为 12 家，产量达 240 万吨,[①] 占比不到总产量的 24%，仍有较大的推广应用空间。

（2）福建省情况

福建尚无原油蒸汽裂解技术的应用，但较早开展变换气制碱技术应用，福州耀隆化工集团公司于 2002 年已有新型变换气制碱技术重大技改项目。

**4. 建材行业低碳技术发展情况**

建材行业主要产品包括水泥、石灰石膏、陶瓷、玻璃、墙体材料等。2020 年，中国建材行业碳排放量达到 14.8 亿吨,[②] 其中水泥行业碳排放量为 12.3 亿吨，占比高达 83.1%，是建材行业碳排放的主要来源。福建省水泥产量占全国产量的 4%，按水泥产量估算，水泥碳排放量约为 0.5 亿吨，占全省碳排放总量的 19% 左右。因此，本部分重点针对水泥行业低碳技术进行分析。

水泥行业低碳技术体现在燃料燃烧、原料投入、加工工艺、二氧化碳排放等全流程各环节中，包括水泥窑协同处置废弃物技术，原料替代技术，节能工艺改造技术以及碳捕集、利用与封存（CCUS）技术等。

水泥窑协同处置废弃物技术是将城市生活垃圾和各种工农业废弃物制成垃圾衍生燃料来替代水泥窑的化石燃料技术。

原料替代技术是采用碳含量低的原料替代石灰石原料以降低水泥生产过程中碳酸盐分解产生碳排放的技术。传统技术下，石灰石原料分解产生的二

---

① 《变换气制碱及其清洗新工艺技术》，河南节能网，2018 年 7 月 13 日，http://www.hnjnjc. gov. cn/index. php？m=content&c=index&a=show&catid=9&id=723。

② 中国建筑材料联合会：《中国建筑材料工业碳排放报告》，2020 年 3 月。

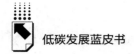

氧化碳排放量占水泥生产过程二氧化碳排放总量的 62%，采用电石渣、硅钙渣、钢渣、石英污泥、造纸污泥、黄磷渣等含有氧化钙但含碳量低的替代原料，能有效降低水泥生产的二氧化碳排放量。

节能工艺改造技术指通过改造水泥生产线而提升能效的技术，包括高效优化粉磨节能技术、水泥窑用系列低导热莫来石砖技术等。其中，高效优化粉磨节能技术入选《国家重点节能低碳技术推广目录》（2017 年本，节能部分），是通过控制进入球磨机的物料尺寸以实现高效碾压粉碎物料的技术，可使水泥磨机大幅提产，降低单位产品电耗。水泥窑用系列低导热莫来石砖技术入选《国家工业节能技术推荐目录（2021）》，是将低导热莫来石砖材料应用于水泥窑过渡带、预热带、安全带等区域的技术，可克服多层复合结构缺陷，降低筒体温度与筒体载荷，提高能源利用效率。

CCUS 技术是将工业生产过程中产生的二氧化碳进行捕集、利用或封存的技术，目前多应用于水泥行业中。

（1）全国情况

水泥窑协同处置废弃物技术快速发展。中国水泥窑协同处置废弃物技术已发展 10 余年，截至 2020 年 7 月底，中国水泥窑协同处置废弃物能力已达 600 万吨，涉及水泥生产线 111 条，占生产线数量的 6.5%，覆盖了全国 27 个省份；[①] 且拟建和在建危废处置项目总处置能力超过 1200 万吨。2021 年 7 月，国家发改委印发《"十四五"循环经济发展规划》，进一步提出要有序推进水泥窑协同处置废弃物。总体上，水泥窑协同处置废弃物技术正处于加快发展阶段，且未来潜力巨大。

原料替代技术已成熟应用。中国多家企业已采用黄磷渣、电石渣等替代石灰石生产水泥。截至 2021 年底，海螺集团已采用黄磷渣替代石灰石配料生产水泥，每吨水泥煤耗下降 1.5 千克；陕西北元、新疆天业、沁阳金隅等水泥企业采用电石渣替代石灰石配料生产水泥熟料，其中新疆天业已 100%

---

① 《郑建辉："十四五"水泥窑协同处置危废前景展望》，水泥网，2020 年 12 月 25 日，https://www.ccement.com/news/98861262495485001.html。

采用电石渣替代石灰石生产水泥。

节能工艺改造技术广泛应用。安徽聚龙新型节能建材有限公司、安徽皖维高新材料股份有限公司采用高效优化粉磨节能技术进行节能减排项目改造，每年节能分别达 1575 吨标准煤、2940 吨标准煤。金隅集团应用水泥窑用系列低导热莫来石砖技术，将筒体分解带温度由原来的 330℃ 降低至 280℃，吨熟料标准煤耗降低 0.314 千克，碳排放量减少 0.816 千克，节能环保效果显著。

CCUS 技术在水泥行业已有示范。2018 年，中国首个水泥窑碳捕集纯化示范项目在海螺集团白马山水泥厂建成投运，采用胺技术从水泥窑中捕集二氧化碳，通过工艺加工和精馏后，得到纯度为 99.9% 的工业级和纯度为 99.99% 以上的食品级二氧化碳液体，年捕集量达 5 万吨。2020 年，浙江大学与河南强耐新材股份有限公司合作完成了全球首个工业规模二氧化碳养护混凝土示范工程，该项目通过二氧化碳矿化养护技术实现每年 1 万吨的二氧化碳温室气体封存，并生产 1 亿块 MU15[①] 标准的轻质实心混凝土砖。

（2）福建省情况

福建正在开展 CCUS 技术重点项目。福建省首个 CCUS 项目"新型干法旋窑二氧化碳碳捕集纯化示范项目"在 2020~2022 年连续 3 年被纳入福建省重点项目，预计可捕集水泥生产过程中排放的二氧化碳超 5 万吨/年。

## （三）交通运输领域低碳技术

交通运输领域低碳技术主要包括新能源车技术、新能源船技术、电力机车技术等，近年来中国大力推动绿色交通体系建设，交通低碳化成效显著。

### 1. 新能源车技术发展情况

新能源车是指采用天然气、电池等非传统燃油作为动力来源的汽车，包括混合动力电动汽车、纯电动汽车、燃料电池汽车等，同时与之配套发展的

---

① MU15 是烧结砖的抗压强度等级，表示平均抗压强度达到 15 兆帕。

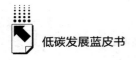

还有电动汽车充电桩等基础设施。

（1）全国情况

新能源车渗透率加快提升。新能源车是中国战略性新兴产业之一，近年来产业规模和技术水平发展迅速。2021 年，全国新能源车市场需求旺盛，全年累计产量和销量分别为 354.5 万辆和 352.1 万辆，同比分别增长 159.5%和 157.6%，新能源车零售渗透率为 14.8%，较上年增加 9 个百分点。其中，纯电动汽车产量和销量分别为 294.2 万辆和 291.6 万辆，同比分别增长 166.2%和 161.5%。[①]

动力电池技术不断突破但仍是新能源车发展的主要瓶颈。在能量密度方面，2021 年国轩高科将磷酸铁锂电池的单体能量密度从 200 瓦时/千克突破到了 210 瓦时/千克，三元锂电池主流产品单体能量密度已经达到 250 瓦时/千克。[②] 但锂电池的能量密度仍远低于汽油 12222 瓦时/千克的能量密度。[③]安全性高的磷酸铁锂电池低温性能差，在-20℃的外部温度中，其放电容量只有 25℃时的 38%左右，制约了新能源车的发展。

充电基础设施持续完善。随着电动汽车数量的与日俱增，充电桩数量也在日益增加。截至 2021 年底，全国充电桩保有量达 261.7 万台，同比增长 70.1%。同时，中国已形成庞大的电动汽车充电桩网络，截至 2020 年 11 月，国网电动汽车公司充电桩网络已接入充电桩超 103 万台，覆盖全国 29 个省（区、市）273 个城市，服务电动汽车消费者 550 万人。[④]

（2）福建省情况

2021 年，福建省新能源车产销均为 6.5 万辆。其中，上汽乘用车宁德基地新能源乘用车产销 4.8 万辆；金龙汽车集团新能源客车产销 1.6 万辆，

---

① 乘联会：《2021 年 12 月及全年乘用车销量排名快报》，2022 年 1 月。
② 《国轩高科科技大会：与大众融合加 LFP 技术新突破》，高工锂电网，2021 年 1 月 9 日，https://www.gg-lb.com/art-42082.html。
③ 《燃料电池与锂电池全方位对比》，北极星氢能网，2019 年 7 月 29 日，https://chuneng.bjx.com.cn/news/20190729/995912.shtml。
④ 《国家电网智慧车联网平台成为全球最大电动汽车充电网络》，腾讯网，2020 年 11 月 21 日，https://new.qq.com/omn/20201121/20201121A09DE100.html。

国内市场占有率位居第二，出口规模位居国内第一。① 动力电池方面，宁德时代动力电池的能量密度、稳定性、可靠性等性能全球领先，2020 年宁德时代将锂电池的寿命从常规的 2000~6000 次循环延长突破到 12000 次循环，应用到新能源车领域可实现 16 年超长寿命。2021 年宁德时代动力电池出货量 125 吉瓦时，出货量连续 5 年全球第一。福建省充电基础设施建设较好，但仍有提升空间。截至 2021 年底，福建省公共充电桩保有量约 4 万台，全国排名前 10，但不及保有量全国第一省份（广东省）的 22%。

**2. 新能源船技术发展情况**

新能源船是指采用天然气、电池等动力源的船型，包括液化天然气（LNG）动力船、电池动力船等。与新能源船同步发展的还有 LNG 接收站港口岸电技术，该技术是指船舶停靠码头时采用码头的电网供电替代船舶燃油发电的技术。

（1）全国情况

LNG 动力船技术已有发展。2020 年，全国 LNG 动力船建成 290 余艘。② 2021 年，中国海油气电集团在海南省马村港码头投运了全国首座沿海 LNG 船舶加注站。

电池动力船技术应用处于起步阶段。客运方面，2020 年 6 月，国内首艘 300 客位全电动商旅游船"君旅号"开始运行，该船搭载了 2280 千瓦时的动力电池，单次续航里程超过 100 千米。2021 年 12 月，三峡集团和宜昌交运联合打造的全球最大纯电动游轮"长江三峡 1"号在枝江完成船体建造，该船搭载了 7500 千瓦时的动力电池，单次续航里程达 100 千米。货运方面，2017 年 11 月，世界首艘千吨级纯电动散货船在广州正式下水，搭载了 2400 千瓦时的动力电池，单次续航里程达 80 千米。2021 年 6 月，国网智慧能源交通技术创新中心研发的国内首艘纯电池动力集装箱船"国创号"

---

① 《福建省人民政府办公厅关于印发福建省新能源汽车产业发展规划（2022—2025 年）的通知》，福建省人民政府网站，2022 年 4 月 18 日，https：//www.fujian.gov.cn/zwgk/zfxxgk/szfwj/jgzz/jmgjgz/202204/t20220422_5897880.htm。

② 《〈中国交通的可持续发展〉白皮书》，中华人民共和国中央人民政府网站，2020 年 12 月 22 日，http：//www.gov.cn/zhengce/2020-12/22/content_5572212.htm。

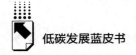

正式下水，该船搭载了 6550 千瓦时的动力电池。

港口岸电设施建设率高但使用率低。建设方面，截至 2020 年底，全国港口岸电设施累计建成 5800 多套，覆盖泊位 7200 余个，同比分别增长 7.4% 和 2.9%，全国主要港口五类专业化泊位（集装箱、客滚、邮轮、大型客运和干散货）岸电设施覆盖率约为 75%，[①] 福建省覆盖率达 85.3%。使用方面，2019 年，岸电年用电量排名第一的深圳港口岸电使用率仅为 6.2%。[②]

（2）福建省情况

福建省具备 LNG 动力船制造基础，2020 年厦船重工交付了两艘全球最大 LNG 动力船"Siem Confucius"号和"Siem Aristotle"号，这也是第一批具备跨大西洋能力的 LNG 动力船。电池动力船技术研发能力方面，福建省引进了高水平电动船舶研究设计机构，包括中国船舶科学研究中心电动船舶研究中心、福建省电动船舶设计研究中心、武汉长江船舶设计院有限公司福建绿色智能船舶研究分院。港口岸电设施方面，福建省共建成岸电系统 103 套，专业化泊位岸电覆盖率达 85.3%，沿海港口港作船舶、公务船舶使用岸电覆盖率达 100%。在使用方面，岸电使用率仅为 0.8%。

3. 电力机车技术发展情况

电力机车是指采用电能来牵引电机驱动的机车，被广泛运用于高快速铁路交通和城市轨道交通中，该技术需要配套建设相应的电气化铁路，即在沿线铁道上配备电力机车牵引供电系统。相较燃煤蒸汽机车、燃油内燃机车，电力机车可以有效地减少温室气体和有毒污染物的排放。

（1）全国情况

中国已成为电力机车技术的领跑者。2020 年，中国电力机车 13841 台，占总机车数量的 63.6%，较 2016 年增长 5.6 个百分点。[③] 铁路客运方面，

① 《中国航运业"成绩单"亮眼：港口规模世界第一、上海国际航运中心跻身世界前三》，东方网，2021 年 10 月 26 日，https：//j. 021east. com/p/1635211576032754。
② 《建而不用，岸电要靠谁来推动？》，中国环境报网站，2020 年 9 月 30 日，http：//epaper. cenews. com. cn/html/2020-09/30/content_ 98271. htm。
③ 国家统计局编《中国统计年鉴 2021》，中国统计出版社，2021。

中国主流客运电力机车已经经过三代发展，分别为韶山型电力机车、和谐号动车组、复兴号动车组。其中，复兴号动车组于 2017 年 6 月 26 日在京沪高铁正式双向首发，标志着中国已全面掌握高速铁路关键核心技术。2021 年 6 月 25 日，中国首条高原电气化铁路——拉萨至林芝铁路开通运营，复兴号动车组同步投入运营，标志着中国实现了复兴号对 31 个省区市的全覆盖。铁路货运方面，中国货运电力机车经过了两代发展，第一代为韶山系列货运电力机车，是新中国成立初期到高铁时代这个阶段中货运电力机车的主力型号。第二代是和谐系列货运电力机车，首辆和谐号货运电力机车由株洲电力机车和德国西门子合作研发，最高货运时速为 120 公里/小时。2008 年，中国自主设计研制了首台和谐型 9600 千瓦大功率交流传动货运电力机车，标志着中国货运机车达到了世界先进水平。截至 2021 年，中国和谐系列货运电力机车已包括每轴 1200 千瓦的和谐 1 型、2 型、3 型，每轴 1600 千瓦的和谐 1B、2B、3B 两代共 6 类机型，设计最高时速均为 120 公里/小时。

中国铁路电气化水平高且稳步攀升。2015~2020 年，中国电气化铁路营业里程由 7.47 万公里增长至 10.63 万公里；铁路电气化率由 61.7%增长至 72.7%，电气化率稳居世界第一。

（2）福建省情况

福建省电气化铁路水平高于全国平均水平。2020 年，福建省电气化铁路营业里程 3148 公里，占铁路营业里程的 83.4%，较全国平均水平高 10.7 个百分点。

# 二　福建省低碳技术发展预测

## （一）能源领域低碳技术

### 1.风电技术发展预测

2021 年福建省海上风电呈现快速发展的态势。截至 2021 年底，福建省尚未出台地方补贴等激励政策，海上风电装机增长可能受到一定的限制。结

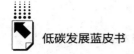

合已核准风电及开工建设情况预测，2022年福建省将新增风电装机15万~65万千瓦，年底风电装机规模将达到750万~800万千瓦，同比增长2.0%~8.8%，发电量达203亿~216亿千瓦时，同比增长33.5%~42.1%。

**2. 光伏技术发展预测**

受分布式光伏快速发展需要，聚力攻克TOPCon电池和HJT电池最高转换效率仍将是光伏电池技术发展的重要任务。2021年9月，国家能源局公布了整县（市、区）屋顶分布式光伏开发试点名单，其中福建省共24个县（市、区）纳入试点。结合福建省光伏发展现状及试点县（市、区）申报项目情况，预计2022年福建省将新增分布式光伏装机70万~100万千瓦，年底全省光伏装机规模将达到350万~380万千瓦，同比增长26.3%~37.2%，发电量将达到32亿~37亿千瓦时，同比增长28%~48%。

**3. 核电技术发展预测**

福建省三代和四代核电机组建设正在同步推进，未来1~2年内投产的机组仍将以三代核电技术为主。预计2022年采用"华龙一号"的福清核电6号机组将建成投产，新增装机规模115万千瓦，2022年底福建省核电装机规模将达到1101万千瓦，发电量将达到804亿千瓦时。

**4. 生物质发电技术预测**

随着福建省经济发展和消费水平不断提升，居民生活垃圾不断增加，而人们对居住环境要求越来越高，垃圾发电的需求将有所增加。结合《福建省生活垃圾焚烧发电中长期专项规划（2019—2030年）》提出的目标，预计2022年福建省新增生物质发电仍然以垃圾发电为主，各地区将结合城市垃圾处理需求建设垃圾发电厂，全省生物质发电装机规模将达到100万千瓦左右，发电量将达到56亿千瓦时左右。

**5. 氢能技术发展预测**

《福建省氢能产业发展规划（2021—2025）（征求意见稿）》明确，2021~2022年福建省将构建以福州为氢能产业核心发展区，以厦门、三明、南平等地为氢能推广应用重点区域的氢能产业布局，推动集氢能船舶和海上风电制氢示范应用于一体的海洋氢能综合利用，探索开展核电谷电制氢应用。总体上，预计 2022 年福建省氢能技术将迎来新的发展阶段，形成以福州为核心的氢能产业发展集群，并重点围绕氢能产业链的关键环节开展技术研发和应用推广。

### 6. 储能技术发展预测

在新型电力系统的加快建设下，抽水蓄能和新型储能已经成为现实需求。由于容量和经济性方面的优势，抽水蓄能仍将是福建省大型储能的主体。在新型储能方面，电化学储能是储能的重要组成部分，其中锂离子电池将围绕高安全性、长寿命进一步突破，钠离子电池、压缩空气储能、飞轮储能等其他新型储能技术也将竞相发展与应用。此外，从 2021 年全国各省（区、市）出台的新能源配置储能要求来看，"新能源+储能"一体化发展已经成为储能发展的重点方向之一。随着未来福建省新能源配置储能政策的出台和落实，预计储能规模和应用范围都将扩大。

## （二）工业领域低碳技术

2021 年下半年以来，国家连续出台了多项工业领域降碳政策，均涉及节能降耗和资源回收利用。2021 年 10 月 26 日，国务院印发了《2030 年前碳达峰行动方案》，提出钢铁行业要大力推进非高炉炼铁技术示范、推行全废钢电炉工艺，有色行业要提升生产过程余热回收水平、完善废弃有色金属资源回收，石化化工行业要鼓励企业节能升级改造、推动能量梯级利用和物料循环利用，建材行业要鼓励建材企业使用粉煤灰、工业废渣、尾矿渣等作为原料或水泥混合材料。总体上，未来工业领域对重点行业的能效管理将不断趋严，工业各低碳技术发展重点将聚焦于节能增效。

## （三）交通运输领域低碳技术

### 1. 新能源车技术发展预测

2020 年 7 月 8 日，福建省发布了《关于进一步加快新能源汽车推广应用和产业高质量发展推动"电动福建"建设三年行动计划（2020—2022年）》，明确到 2022 年要累计推广应用新能源汽车标准车 56 万辆。2021

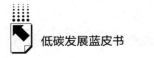

年，福建省在《福建省"十四五"制造业高质量发展专项规划》等相关文件中提到，要着力推动"电动福建"建设，坚持整车和配套同步发展，支持东南汽车等整车龙头企业优化产品结构、利用现有生产能力转型发展新能源车。总体上，福建省新能源车仍然处于政策大力支持和产业快速发展阶段，车辆保有量将不断增加，充电基础设施将不断完善，产业链将朝着不断健全的方向发展。

2. 新能源船技术发展预测

近年来，中国不断出台相关政策支持新能源船的发展。2019 年以来，共有 3 个国家级政策提到氢能船舶，7 个省市明确提出发展氢燃料船舶。2021 年 10 月，国家发改委等部委印发《"十四五"全国清洁生产推行方案》，提出要推动使用液化天然气动力、纯电动等新能源和清洁能源船舶。在国家政策支持下，预计未来福建省将加大对 LNG 动力船、电池动力船、生物燃料动力船等新能源船型的研发和应用力度。

3. 电力机车技术发展预测

中国客运铁路电气化水平总体较高，但是仍然有一定的提升空间，货运电力机车方面则潜力巨大。2021 年 10 月，福建省政府印发《福建省"十四五"城乡基础设施建设专项规划》，提出要加快城际、城市轨道交通建设。总体上，福建省电气化铁路建设将持续推进，电气化里程将不断增加；电力机车牵引的客运量、货运量都将不断攀升。

# 三　福建省低碳技术发展对策建议

## （一）能源领域低碳技术发展建议

一是持续推动风光核技术突破。加快推进海上风电规模化开发，攻克大规模海上风电汇集结网、深远海风电直流并网、漂浮式海上风电等关键技术，探索建设集中式大型海上换流平台和共享海底高压直流电缆，提升大规模海上风电并网质效。结合整县屋顶分布式光伏，合理开发机关办公场所、学校医院、农村住房、工厂屋顶分布式光伏，依托福建省钜能电力等优势企业进一步提升光伏电池转换效率。做好在建核电项目推进和储备厂址保护，有序推进三代和四代核电技术研发与应用。二是支持氢能发展应用与推广。提升低碳清洁氢气制备技术自主化水平，探索发展利用海上风电等波动性能源电解制氢技术。在环卫、公交、公路货运等领域率先试点和推广氢燃料电池车，配套完善加氢站等基础设施建设。三是多路径发展储能技术。加快建设大库容抽水蓄能电站，探索利用现有梯级水库电站建设改造混合式抽水蓄能电站。鼓励宁德时代等龙头企业持续攻克大规模、高安全性的电化学储能技术。加快推动新型储能规模化应用，鼓励"新能源+储能"一体化发展，积极出台和落实新增新能源配置储能政策。

### （二）工业领域低碳技术发展建议

一是鼓励工业全环节低碳创新。重点围绕钢铁、有色、石化化工、建材行业工艺流程，推广现有成熟的节能降碳技术，同时加快研发和应用新的节能降碳技术。围绕清洁能源替代，探索采用新能源或可再生燃料替代传统化石能源在工业领域应用的技术。围绕原料替代，深入开展废钢直接炼铁、粉煤灰替代水泥原料等技术。围绕CCUS技术，重点探索CCUS技术在钢铁、水泥、石化化工行业的应用场景与技术路线。围绕资源高效循环利用，推进废钢铁、废有色金属等再生资源综合利用行业规范管理和产业集聚发展。二是加强工业企业能效管理和监督。建立福建省重点工业企业能效清单目录，将能效达到标杆水平和低于基准水平的企业分别列入能效先进和落后清单，向社会公开并接受监督。持续开展行业能效"领跑者"行动，形成一批可借鉴、可复制、可推广的节能典型案例。

### （三）交通运输领域低碳技术发展建议

一是促进新能源车产业化发展。推动东南汽车城、上汽宁德基地等园区加快新能源车制造，打造福建省新能源车产业集群和创新高地。定期滚动制定充电基础设施规划，确保充电基础设施与新能源车协同发展。二是提升新能源船研发水平和港口岸电使用率。依托福建马尾造船厂，研发 LNG 动力船、电池动力船、低硫油船等新能源船型，稳步推进新能源船投入使用。加大港口岸电设施建设和船舶受电设施改造，积极出台激励厦门港、福州港、泉州港等靠港船舶使用岸电和建设相关设施的措施，推动形成靠港船舶使用岸电的示范区域。三是进一步推动福建省电气化铁路建设。加快推动莆田—长乐机场、宁德—长乐机场、福安—霞浦、平潭—涵江等城际铁路设施建设以及新福厦高铁、漳汕高铁、温福高铁、昌福厦高铁等跨省铁路设施建设，加快形成沿海、京台两大铁路主通道，畅通出闽大通道，提升铁路电气化水平。

## 参考文献

白旭：《中国海上风电发展现状与展望》，《船舶工程》2021 年第 10 期。

田甜等：《海上风电制氢技术经济性对比分析》，《电力建设》2021 年第 12 期。

姚若军、高啸天：《氢能产业链及氢能发电利用技术现状及展望》，《南方能源建设》2021 年第 4 期。

黎冲等：《电化学储能商业化及应用现状分析》，《电气应用》2021 年第 7 期。

王文堂、邓复平、吴智伟：《工业企业低碳节能技术》，化学工业出版社，2017。

黄亮：《钢铁长流程和短流程生产模式环境影响对比分析》，《环境保护与循环经济》2016 年第 4 期。

高建军等：《中国低碳炼铁技术的发展路径与关键技术问题》，《中国冶金》2021 年第 9 期。

贾明星：《践行清洁生产理念 构建环境友好型有色金属产业新格局》，《中国有色金属》2021 年第 24 期。

周飞霓：《中国有色金属行业绿色发展和技术转型》，《中小企业管理与科技》2021 年第 12 期。

刘雨虹、龚雅妮：《2020 石油化工技术进展与趋势》，《世界石油工业》2020 年第 6 期。

何盛宝、乔明、李雪静：《世界炼油行业低碳发展路径分析》，《国际石油经济》2021 年第 5 期。

刘典福等：《我国水泥窑协同处置城市生活垃圾技术进展》，《能源研究与利用》

2019 年第 1 期。

罗雷等：《碳中和下水泥行业低碳发展技术路径及预测研究》，《环境科学研究》2022 年第 6 期。

张颖：《新能源车是 2021 年车市最大亮点》，《汽车与配件》2022 年第 2 期。

马建等：《中国新能源汽车产业与技术发展现状及对策》，《中国公路学报》2018 年第 8 期。

秦琦、王宥臻：《全球新能源（清洁）船舶及相关智能技术发展》，《船舶》2018 年第 A1 期。

吕龙德：《我国大型 LNG 运输船研制走过怎样一条路?》，《广东造船》2021 年第 4 期。

王永泽：《铁路节能新技术应用前景分析》，《铁路节能环保与安全卫生》2019 年第 5 期。

李程、王烟平：《长沙地铁永磁牵引系统的特点与应用》，《电机技术》2021 年第 6 期。

# B.6
# 2022年福建省控碳减碳政策分析报告

郑 楠　陈思敏　蔡期塬　李源非*

**摘　要：** 持续推进和完善控碳减碳政策体系，能够为碳减排工作指明方向，为推进碳达峰碳中和进程提供有力抓手。2021年福建省出台相关政策，提出推动高耗能产业节能改造，加快培育新兴产业，推动产业结构绿色低碳升级；明确完善碳排放的统计监测体系，加快构建低碳标准评价体系；加快研究海洋碳汇调查、核算方法论，持续提升生态系统碳汇能力；健全环境权益交易市场，以市场化手段鼓励低碳技术发展；持续深化低碳试点工作，积极探索低碳发展路径。预计下一阶段福建省或将制定更加科学有序的减碳目标，进一步完善协同发力的政策体系，推动试点工作走深走实，强化对"双碳"工作的考核力度，为实现碳达峰碳中和工作提供政策依据。

**关键词：** 控碳减碳　产业优化　碳汇　低碳试点

2021年是碳达峰碳中和目标提出后的第一年，福建省密集出台多项碳达峰碳中和相关政策，重点针对产业结构、计量监测体系、碳汇、市场机制等方面提出了具体规划和发展举措，初步形成了碳达峰碳中和的相关政策体系，为开展碳达峰碳中和工作提供政策指导。

---

\* 郑楠，工学硕士，国网福建省电力有限公司经济技术研究院，研究方向为能源经济、能源战略与政策；陈思敏，工学硕士，国网福建省电力有限公司经济技术研究院，研究方向为能源经济、能源战略与政策；蔡期塬，工学硕士，国网福建省电力有限公司经济技术研究院，研究方向为能源战略与政策、改革发展；李源非，管理学硕士，国网福建省电力有限公司经济技术研究院，研究方向为能源经济、能源战略与政策。

# 一 控碳减碳政策现状

## （一）持续推动产业结构优化升级

加快产业绿色低碳转型，推动经济发展与碳排放深度脱钩，是实现碳达峰碳中和目标的关键举措。2021年，福建省以加快培育新兴产业和推动高耗能产业转型升级为抓手，加快推进产业结构优化。

培育新兴产业方面，福建省2021年3月发布《福建省国民经济和社会发展第十四个五年规划和二〇三五年远景目标纲要》，明确到2025年全省战略性新兴产业增加值达9000亿元。10月发布《福建省"十四五"科技创新发展专项规划》，将全省战略性新兴产业增加值目标提升至1万亿元，新兴产业培育进一步提速（见表1）。地市层面，三明市、厦门市作为国家低碳试点城市，提出了更高的发展目标。其中，三明市提出到2025年全市工业战略性新兴产业产值占规上工业产值比重达25%左右，较全省目标高2个百分点；厦门市提出到2025年战略性新兴产业增加值占地区生产总值的25%，较全省目标高8个百分点（见表2）。

高耗能产业转型升级方面，福建省发布《福建省加快建立健全绿色低碳循环发展经济体系实施方案》，提出加强对传统高耗能行业的绿色改造，开展"散乱污"企业分类治理，严控高耗能、高排放产品出口。地市层面，三明市提出严控钢铁、有色金属冶炼等项目；宁德市明确加强对高耗能、高排放企业开展清洁生产审核；龙岩市通过给予奖励的方式鼓励高耗能企业主动开展节能改造。

总体来看，福建省已经提出了"十四五"战略性新兴产业的发展目标，明确严格控制高耗能产业发展，部分地市根据实际情况明确了市级发展目标，并进一步细化高耗能项目类别，但分领域的实施方案有待进一步细化。

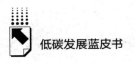
表1　2021年福建省级推动产业结构优化升级主要政策

| 发布时间 | 政策名称 | 主要相关内容 |
|---|---|---|
| 1 月 | 《福建省工业和信息化厅　福建省生态环境厅关于做好 2021 年度水泥行业错峰生产的通知》 | 明确所有熟水泥生产线开展错峰生产,完成超低排放改造的生产线可适当减少错峰时间 |
| 3 月 | 《福建省国民经济和社会发展第十四个五年规划和二〇三五年远景目标纲要》 | 到 2025 年战略性新兴产业增加值达 9000 亿元 |
| 4 月 | 《关于进一步促进服务型制造发展的实施意见》 | 发展余热余压利用装备、能源优化系统等产品,立足石化、冶金、建材等重点行业应用优势,梳理试点示范标杆企业和园区 |
| 5 月 | 《加快建设"海上福建"推进海洋经济高质量发展三年行动方案(2021—2023 年)》 | 拓展海上风电产业链,培育"渔光互补"光伏产业,做强液化天然气产业;建设全国重要绿色石化基地 |
| 7 月 | 《促进高新技术产业开发区高质量发展实施方案》 | 推进高端装备、新材料、新能源、生物与新医药、节能环保、海洋高新等新兴产业"强链、补链、延链"工程,培育战略性新兴产业集群 |
| 9 月 | 《福建省加快建立健全绿色低碳循环发展经济体系实施方案》 | 加快推动钢铁、石化、化工、有色、建材、纺织等行业绿色改造;对"散乱污"企业实施分类整治;支持集中式海上风电、屋顶分布式光伏、抽水蓄能电站等清洁能源发展;壮大高效节能电机、新能源汽车等绿色环保产业 |
| 10 月 | 《福建省"十四五"科技创新发展专项规划》 | 到 2025 年全省战略性新兴产业增加值力争达到 1 万亿元,增加值占地区生产总值比重力争达到 17%,工业战略性新兴产业产值占规上工业产值比重达 23%;省级以上企业技术中心、工程研究中心、重点实验室、战略性新兴产业集群分别达750 个、140 个、260 个和 20 个 |

资料来源:作者根据权威网站整理,下同。

表2　2021年福建地市级推动产业结构优化升级主要政策

| 发布时间 | 政策名称 | 主要相关内容 |
|---|---|---|
| 6 月 | 《三明市推动工业绿色低碳转型实施方案(2021—2025 年)》 | 力争到 2025 年,全市战略性新兴产业增加值占全市规上工业增加值比重提高到 25%左右 |
| 6 月 | 《龙岩市人民政府关于推动工业高质量发展二十条措施的通知》 | 支持企业加强能耗"双控",对采用合同能源管理方式实施的节能技改项目,给予资金奖励 |

| 发布时间 | 政策名称 | 主要相关内容 |
|---|---|---|
| 8月 | 《三明市"三线一单"生态环境分区管控方案》 | 严格控制钢铁、水泥、平板玻璃、有色金属冶炼、化工等工业项目；明确新建钢铁、火电、水泥、有色、化工、石化等高耗能项目排放限值 |
| 9月 | 《宁德市"十四五"生态环境保护规划》 | 对铜冶炼、铅蓄电池制造、专业电镀等重点产业企业开展定期清洁生产审核。淘汰落后产能；严控新上高污染、高耗能、高排放、低效益项目，推动传统产业绿色转型升级 |
| 10月 | 《厦门市"十四五"战略性新兴产业发展专项规划》 | 全市战略性新兴产业增加值超2500亿元，战略性新兴产业增加值占地区生产总值比重达到25% |
| 10月 | 《宁德市促进新能源汽车产业发展的六条措施》 | 支持企业入驻园区，在措施有效期内投产的，自投产年度起，连续5年由受益财政按照企业当年对本区地方经济发展贡献的40%予以奖励 |
| 10月 | 《泉州市"十四五"战略性新兴产业发展专项规划》 | 力争到2025年，产值超千亿的战略性新兴产业集群达到3个，工业战略性新兴产业产值占规上工业产值的比重达到13%；围绕太阳能、生物质能等一次能源和氢能等二次能源，以及高端储能产业，布局技术研发与装备制造项目；新能源产业产值达到500亿元 |

## （二）完善碳排放统计监测体系和评价标准

构建碳排放计量统计系统，完善碳排放监管制度，有利于掌握碳排放总体情况、主要来源和重点领域，能够为减碳降碳工作提供决策依据。2021年，福建省就建立健全低碳标准、监测体系和监管制度等方面出台多份实施办法。

在统计监测体系方面，福建省发布多份文件要求提升统计监测能力。如《加强海洋生态环境保护 服务"海上福建"建设工作方案（2021—2023年）》提出建设近海二氧化碳浓度通量观测站；《福建省加快建立健全绿色低碳循环发展经济体系实施方案》提出，要健全重点行业和重点领域能耗、碳排放统计监测体系，开展能耗数据及能效指标分析，加强重点用能单位能耗在线监测系统建设（见表3）。地市层面，泉州市明确要建设大气复合污染综合观测超级站，加强大气污染源追踪溯源。南平市提出建立健全企业温

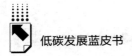

室气体数据报送系统，完善企业碳排放信息披露等制度（见表4）。

在低碳标准体系方面，三明市及南平市先后出台绿色企业及绿色项目评价认定办法，提出涵盖绿色经营、低碳转型、环境保护、社会责任和公司治理等方面的绿色企业评价指标体系，结合国内外绿色金融标准及实际产业布局情况明确六类绿色项目范畴，为开展绿色金融提供依据。

总体来看，福建省碳排放统计监测体系建设工作不断细化，泉州、南平等地市监测体系建设工作逐步推进，但在低碳标准方面的政策不够全面，目前仅三明和南平探索制定相关标准，省级标准化文件尚未出台，监管制度还需进一步完善。

表3　2021年福建省级健全标准和监测体系主要政策

| 发布时间 | 政策名称 | 主要相关内容 |
| --- | --- | --- |
| 5月 | 《福建省工业和信息化厅福建省市场监管局关于做好重点用能单位能耗在线监测系统建设工作的通知》 | 组织新纳入重点用能企业开展端系统建设；对地区重点用能企业能耗数据和能效指标进行分行业管理和分析，开展节能形势分析等研究 |
| 6月 | 《福建省生态环境厅关于完善生态环境监督执法正面清单制度的工作方案》 | 首次纳入正面清单条件包括污染物排放量小、环境风险低、吸纳就业能力强且持有排污许可证的小微企业 |
| 6月 | 《福建省"十四五"制造业高质量发展专项规划》 | 推进重点用能单位能耗在线监测系统建设，加强能耗预警预报。推行重点行业能效对标和能源审计，健全节能监察体系，积极推进能耗在线监测系统和能源管理体系建设，实现工厂的绿色发展 |
| 8月 | 《加强海洋生态环境保护服务"海上福建"建设工作方案（2021—2023年）》 | 加强近海二氧化碳浓度通量观测站共享共建 |
| 8月 | 《福建省重点用能单位能耗在线监测系统管理暂行办法》 | 年综合能源消费量5000吨标准煤以上（含5000吨）的重点用能单位（含供能公司）应纳入能耗在线监测系统 |
| 9月 | 《福建省加快建立健全绿色低碳循环发展经济体系实施方案》 | 加强节能环保、清洁生产、清洁能源等领域统计监测，健全电力、钢铁、石化、化工、建材等重点行业和领域能耗、碳排放统计监测体系，加强重点用能单位能耗在线监测系统建设；建立覆盖陆海生态系统的碳汇监测核算体系 |
| 10月 | 《福建省"十四五"生态环境保护专项规划》 | 加强重点企业碳排放信息披露，开展二氧化碳排放总量管理 |

表4　2021年福建地市级健全标准和监测体系主要政策

| 发布时间 | 政策名称 | 主要相关内容 |
|---|---|---|
| 7月 | 《福建省三明市绿色企业及绿色项目评价认定办法》 | 绿色企业评价认定标准考虑企业碳减排贡献；设低碳转型指标，从低碳能源结构、低碳资源利用、低碳技术研发等角度衡量碳减排潜力 |
| 8月 | 《福建省南平市绿色企业及绿色项目评价认定办法》 | 弥补"绿色企业"评价标准缺失、统一绿色金融领域相关标准、推动气候投融资创新实践 |
| 9月 | 《泉州市"十四五"生态环境保护专项规划》 | 推进重点用能单位能耗在线监测系统建设；加强能耗预警预报；搭建节能数据库平台；实现企业产品生命全周期清洁生产 |
| 11月 | 《南平市"十四五"生态环境保护规划》 | 在环境统计工作中协同开展温室气体排放相关调查，建立健全企业温室气体数据报送系统；将温室气体监测逐步纳入生态环境监测体系筹实施 |

### （三）巩固提升生态系统碳汇能力

自然界的碳汇主要来自林业和海洋，其中林业碳汇发展较为成熟，海洋碳汇正处于初步探索阶段。福建省林木和海洋资源丰富，碳汇开发潜力巨大，充分发掘生态系统碳汇能力，是福建省实现碳中和目标的重要保障。2021年，福建省明确加强碳汇能力建设，在创新发展林业碳汇产品体系的同时，加快研究海洋碳汇的核算方法和核算标准，探索建设海洋碳汇试点。

在林业碳汇方面，福建省出台《关于深化集体林权制度改革推进林业高质量发展的意见》，明确鼓励各地积极探索林业碳汇场外交易模式，推广"林票制"和"森林生态银行"改革做法（见表5）。其中，"林票制"和"森林生态银行"为三明市和南平市创新提出的碳汇产品，先后入选自然资源部生态价值实现典型案例。2021年，三明市明确每个县（市、区）至少营造一片碳中和林，建立健全林业碳票运营机制。南平市提出有序推广顺昌县"森林生态银行"经验做法，完善"一村一平台、一户一股权、一年一分红"模式（见表6）。

在海洋碳汇方面，福建省发布"海上福建"建设相关行动方案，提出要抢占海洋碳汇制高点；开展海洋储碳新机制、增汇技术研究，探索海洋碳汇调查、监测、核算方法。地市层面，泉州市发布《泉州市"十四五"海洋强市建设专项规划》，提出支持高校、科研院所建设碳中和创新研究中心，开展海洋人工增汇、海洋负排放相关规则和技术标准研究，创建海洋碳汇国家重点实验室、基础科学中心。厦门市提出探索开展"蓝碳"（即海洋碳汇）交易，推动海洋碳汇交易平台发展。

总体来看，福建省在林业碳汇方面的探索不断深入，三明和南平已初步形成了以"林票制"和"森林生态银行"为代表的产品体系，并逐渐在省内推广。但在海洋碳汇方面的研究仍处于起步阶段，厦门和泉州等沿海城市明确要加快海洋碳汇的探索，但尚未形成权威统一的核算方法。

表5　2021年福建省级巩固提升碳汇能力主要政策

| 发布时间 | 政策名称 | 主要相关内容 |
| --- | --- | --- |
| 5月 | 《加快建设"海上福建"推进海洋经济高质量发展三年行动方案（2021—2023年）》 | 抢占海洋碳汇制高点，深入开展海洋碳汇科学研究，推动海洋碳中和试点工程 |
| 8月 | 《加强海洋生态环境保护服务"海上福建"建设工作方案（2021—2023年）》 | 开展海洋储碳新机制、海洋"负排放"技术、海洋生态系统保护修复、生态环境养护技术和海水养殖增汇技术等研究；提升海洋生态系统碳汇能力。开展福建省典型滨海湿地碳汇潜力评估，探索海洋碳汇调查、监测、核算方法 |
| 10月 | 《关于深化集体林权制度改革推进林业高质量发展的意见》 | 完善林业碳汇交易制度，鼓励各地积极探索林业碳汇场外交易模式；新增森林植被碳汇量50万吨以上；推广"林票制"和"森林生态银行"改革做法 |

表6　2021年福建地市级巩固提升碳汇能力主要政策

| 发布时间 | 政策名称 | 主要相关内容 |
| --- | --- | --- |
| 8月 | 《厦门市海洋经济发展"十四五"规划》 | 探索开展"蓝碳"交易，推动海洋碳汇交易平台发展，配合国家、省探索制定海洋碳汇观测方案、核算标准、海洋碳汇交易规则 |
| 9月 | 《泉州市"十四五"海洋强市建设专项规划》 | 支持高校、科研院所建设碳中和创新研究中心，深化海洋人工增汇、海洋负排放相关规则和技术标准研究，推动创建海洋碳汇国家重点实验室、基础科学中心 |

| 发布时间 | 政策名称 | 主要相关内容 |
|---|---|---|
| 9月 | 《三明市创建国家生态文明建设示范市　推动美丽中国建设实施方案》 | 积极策划一批林业碳汇项目,每个县(市、区)至少营造一片碳中和林,建立健全林业碳票运营机制,深入探索碳票、碳金融等生态产品价值实现形式 |
| 11月 | 《南平市"十四五"林业发展专项规划》 | 有序推广顺昌县"森林生态银行"经验做法,完善"一村一平台、一户一股权、一年一分红"模式 |

## （四）加快以绿色低碳为导向的市场机制建设

建设以绿色低碳为导向的市场机制能够有效利用市场手段引导资源优化配置,促进低碳技术进步,推动产业转型升级。福建省在完善绿色低碳的市场机制方面已经出台了多项鼓励、引导政策,部分地市也发文响应,重点包括健全环境权益交易市场和发展绿色金融两个方面。

环境权益交易是指涉及环境类的一切权益交易活动,包括碳排放权、排污权和用能权等,旨在通过市场机制为环境权益定价、推进生态文明高质量发展。在环境权益交易市场方面,福建省先后发布《福建省加快建立健全绿色低碳循环发展经济体系实施方案》《福建省2021年度可再生能源电力消纳保障实施方案》等多份文件,提出要加快排污权、用能权、碳排放权等环境权益交易市场建设,完善环保电价机制,优化绿电交易市场（见表7）。地市层面,泉州市在《泉州市"十四五"生态环境保护专项规划》中提出,要开展碳排放权配额质押贷款业务,宁德市提出为排污权、碳排放权等收益权类融资提供登记服务（见表8）。

绿色金融是指为环保、节能、清洁能源、绿色交通、绿色建筑等有利于环境改善、促进环境保护和治理的项目提供的金融服务。在绿色金融方面,福建省出台多份规划文件。如《福建省加快金融业发展更好服务全方位推动高质量发展超越的若干措施》提出扩大绿色贷款投放,绿色贷款增速高于全省各项贷款平均增速;《福建省"十四五"金融业发展专项规划》明确完善绿色金融服务体系,拓展绿色投融资渠道。地市层面,泉州市出台《泉州市绿色数字技改专项行动方案》,明确要对企业发行碳中和债等绿色企业债券融资;宁德市在《宁德市"十四五"生态环境保护规划》中提出要建立绿色投融资项目清单、引导银行业机构加快绿色信贷产品创新等举措。

总体来看,福建省对于绿色金融发展的支持力度持续加大,泉州、宁德等地市明确扩大绿色投融资规模,绿色金融产品体系不断丰富,但环境权益交易市场建设仍处于试点阶段,地市层面的相关规划方案较少,相关机制还有待完善。

#### 表7 2021年福建省级完善绿色市场建设主要政策

| 发布时间 | 政策名称 | 主要相关内容 |
| --- | --- | --- |
| 2 月 | 《福建省加快金融业发展更好服务全方位推动高质量发展超越的若干措施》 | 引导金融机构扩大绿色贷款投放,绿色贷款增速高于全省各项贷款平均增速;加快推进三明、南平绿色金融改革试验区建设 |
| 3 月 | 《福建省国民经济和社会发展第十四个五年规划和二〇三五年远景目标纲要》 | 完善绿色金融支持保障机制,健全绿色信贷风险补偿机制;参与全国碳排放权交易市场建设,健全碳排放权交易机制 |
| 4 月 | 《福建省生态环境厅关于做好企业温室气体排放报告管理相关工作的通知》 | 明确纳入福建省碳市场管理的重点排放单位;纳入全国碳市场的发电行业企业不纳入福建省碳市场管理,但含自备电厂的非发电行业企业扣除发电部分后纳入福建省碳市场管理 |
| 7 月 | 《福建省工业和信息化厅关于做好2020年度用能权指标清缴工作的通知》 | 火力发电企业预分配指标多于实际分配指标的,按实际分配量与年度履约量核算盈缺情况 |
| 8 月 | 《福建省"十四五"商务发展专项规划》 | 推进绿色商务建设,畅通节能绿色产品流通渠道,引导外资促进节能环保、生态环境等产业发展,推动绿色低碳技术"走出去" |
| 9 月 | 《福建省加快建立健全绿色低碳循环发展经济体系实施方案》 | 鼓励配额抵押质押融资、碳债券等碳金融创新;推进排污权、用能权、碳排放权等资源环境权益交易市场建设;健全碳汇补偿机制。建立绿色贸易体系,拓展新能源等绿色产品出口,严控高污染、高耗能产品出口 |
| 9 月 | 《福建省"十四五"金融业发展专项规划》 | 完善绿色金融服务体系;拓展绿色投融资渠道;创新碳金融产品 |
| 10 月 | 《福建省2020年度碳排放配额分配实施方案》 | 明确纳入配额管理的企业范围。明确配额总量与结构。持续开展碳排放配额管理,推进重点企业减污降碳协同增效。合理设置减排系数和调节机制,确保福建省碳市场健康平稳运行 |
| 10 月 | 《福建省2021年度可再生能源电力消纳保障实施方案》 | 鼓励各承担消纳责任的市场主体通过购买可再生能源绿色电力证书等补充方式完成消纳量,绿证对应的可再生能源电量等量记为消纳量 |

表8　2021年福建地市级完善绿色市场建设主要政策

| 发布时间 | 政策名称 | 主要相关内容 |
| --- | --- | --- |
| 9月 | 《泉州市绿色数字技改专项行动方案》 | 对企业发行碳中和债等绿色企业债券融资,且债券利率高出当期五年期市场报价利率部分由受益财政给予贴息补助,补助期限按债券存续期计算,最长不超过3年 |
| 9月 | 《宁德市"十四五"生态环境保护规划》 | 建立绿色投融资项目清单;引导银行业机构加快绿色信贷产品创新;完善动产融资统一登记公示系统,为排污权、碳排放权等收益权类融资提供登记服务,引导金融资源流向绿色项目 |
| 9月 | 《泉州市"十四五"生态环境保护专项规划》 | 推动温室气体自愿减排交易机制与碳排放交易市场的衔接融合;开展碳排放权配额、中国核证减排量质押贷款业务,探索碳中和债等碳金融产品及衍生工具 |

## （五）加强低碳试点布局

深化低碳试点建设，形成可操作、可复制、可推广的低碳路径经验做法，能够为全省低碳工作提供实践指导。2021年，福建省加快探索符合本省各地市实际情况的低碳发展路径，因地制宜深化试点工作。

福建省在《福建省"十四五"生态环境保护专项规划》中明确提出支持厦门、南平、三明等城市率先碳达峰，试点建设低碳社区、低碳园区等示范工程（见表9）。地市层面，部分地市在"十四五"专项规划中提出在重点领域、重点行业探索低碳试点工程。《厦门市海洋经济发展"十四五"规划》提出，开展海洋碳中和试点，具体涵盖海水养殖增汇、滨海湿地和红树林增汇、海洋微生物增汇等试点工程；《宁德市"十四五"生态环境保护规划》提出以青拓集团为试点，制定工业领域低碳方案；泉州市发布《泉州市生态保护委员会办公室关于推进泉州市2021年低碳试点示范建设工作的通知》，明确了20个低碳试点示范建设对象，并提出低碳社区、低碳园区和低碳景区的重点建设内容（见表10）。

总体来看，福建省积极开展了重点地区、重点行业的低碳试点工作，泉

州、厦门、宁德等地市进一步明确了试点建设名单，但目前大部分试点尚未提出具体的落地实施方案，试点建设有待进一步深化。

**表9  2021年福建省级加强低碳试点布局主要政策**

| 发布时间 | 政策名称 | 主要相关内容 |
|---|---|---|
| 10月 | 《福建省"十四五"生态环境保护专项规划》 | 支持厦门、南平等有条件的地区率先碳达峰；推动平潭低碳海岛建设；支持三明市探索建设净零碳排放城市；创建低碳社区、低碳园区、近零碳排放区示范工程建设和碳中和示范区；在全省公共机构及大型活动中探索实施碳中和 |

**表10  2021年福建地市级加强低碳试点布局主要政策**

| 发布时间 | 政策名称 | 主要相关内容 |
|---|---|---|
| 5月 | 《泉州市生态保护委员会办公室关于推进泉州市2021年低碳试点示范建设工作的通知》 | 明确20个低碳试点示范建设对象；提出低碳社区以低碳理念统领社区建设全过程，积极培育低碳文化和低碳生活方式，加强低碳项目建设和低碳设施提升改造，营造优美宜居的生活环境；低碳园区要大力推进低碳生产，积极开展低碳技术创新与应用，创新低碳管理，加强低碳基础设施建设；低碳景区要发展低碳建筑、低碳交通、低碳垃圾和低碳饮食 |
| 8月 | 《厦门市海洋经济发展"十四五"规划》 | 推动海洋碳中和试点工程；推动开展海水养殖增汇、滨海湿地和红树林增汇、海洋微生物增汇等试点工程 |
| 9月 | 《宁德市"十四五"生态环境保护规划》 | 以青拓集团为试点，制定低碳方案，提高工业能源利用效率和清洁化水平 |

## （六）倡导低碳生活方式

碳达峰碳中和是一项全社会系统性的减排工程，鼓励全民参与减排行动、培育绿色节能习惯，是实现碳达峰碳中和目标的重要保障。福建省以绿色消费、绿色出行等为抓手，鼓励全民培育绿色低碳的生活方式，营造良好的减排氛围。

福建省生态环境厅、财政厅等部门联合制定了《福建省大型活动和公务会议碳中和实施方案（试行）》，提出要以大型活动和公务会议为重点，以党政机关为引领，加快形成全民共同参与绿色低碳的良好格局（见表11）。福建省生态环境厅、发改委等部门联合印发《"双碳"行动绿色先行，低碳生活从我做起》活动倡议书，鼓励民众从衣、食、住、行做起，从选购环保节能产品、节约粮食、绿色出行等方面培育绿色节能的生活习惯。地市层面，厦门市提出大力开展节约型机关、绿色家庭、绿色学校、绿色社区创建等行动，加强绿色消费理念的宣传普及，倡导珍惜资源能源。宁德和泉州等地也明确要鼓励居民绿色出行，推动全民绿色消费（见表12）。

总的来看，福建省明确以党政机关为表率，引导全民从绿色交通、绿色消费等方面培育低碳生活习惯，各地市中，厦门已出台了倡导低碳生活的具体实施方案，但整体来看，引导、激励措施的力度有待进一步加大。

**表 11　2021 年福建省级倡导低碳生活方式主要政策**

| 发布时间 | 政策名称 | 主要相关内容 |
| --- | --- | --- |
| 10 月 | 《福建省"十四五"生态环境保护专项规划》 | 推动全民绿色消费，积极培育绿色消费市场，推行绿色产品政策采购制度；制定实施绿色低碳社会行动示范创建方案，组织开展绿色家庭、绿色学校、绿色社区、绿色出行、绿色商场、绿色建筑、节约型机关等绿色生活创建活动 |
| 11 月 | 《福建省大型活动和公务会议碳中和实施方案（试行）》 | 以大型活动和公务会议为重点，以党政机关为引领，加快形成全民共同参与绿色低碳的良好格局；到 2022 年，初步建立以党政机关单位为实施主体的大型活动和公务会议碳中和工作体系；到 2025 年，建立全社会各行业、各领域共同参与的大型活动和公务会议碳中和工作体系 |

**表 12　2021 年福建地市级倡导低碳生活方式主要政策**

| 发布时间 | 政策名称 | 主要相关内容 |
| --- | --- | --- |
| 6 月 | 《厦门市倡导文明健康绿色环保生活方式活动方案（2021—2022 年）》 | 大力开展节约型机关、绿色家庭、绿色学校、绿色社区创建等行动；加强绿色消费理念的宣传普及；倡导珍惜资源能源，倡导绿色出行，倡导使用环保用品 |

续表

| 发布时间 | 政策名称 | 主要相关内容 |
|---|---|---|
| 9月 | 《宁德市"十四五"生态环境保护规划》 | 加快推进"电动宁德"建设,提升绿色出行比例及绿色出行服务满意率 |
| 9月 | 《泉州市"十四五"生态环境保护专项规划》 | 倡导"135"低碳出行方式(1公里以内步行,3公里以内骑自行车,5公里左右乘坐公共交通工具)和低碳旅游,推动绿色消费 |

## 二 福建省控碳减碳政策发展趋势

### (一)目标设定更科学

现阶段,福建省在向各地市下达"十四五"减碳控碳任务的基础上,逐步提出林业碳汇增长量、会议碳中和等细化目标,但大部分领域的减排目标仍有待明确。在中央多次重申避免"运动式"减碳、科学把握碳达峰节奏的背景下,预计下阶段或将出台更精准、可量化的目标,推动"双碳"工作迈出扎实步伐。一是综合考虑各地区、各行业减碳控碳的责任、潜力和能力,统筹制定梯次实现碳达峰的目标任务,明确责任主体、工作重点和完成时间。二是以国家考核指标为抓手,适当调整"十四五"期间分地区、分行业碳排放相关指标的管理弹性空间,妥善处理减排和发展的关系,推进经济社会发展,实现全面绿色转型。

### (二)政策体系更协同

2021年,习近平总书记来闽考察时提出,要把碳达峰碳中和纳入生态省建设布局。① 各部门、各地区陆续出台相关规划、政策、制度,产业结构

---

① 《习近平在福建考察时强调　在服务和融入新发展格局上展现更大作为　奋力谱写全面建设社会主义现代化国家福建篇章》,"新华网"百家号,2021年3月25日,https://baijiahao.baidu.com/s?id=1695214047027481385&wfr=spider&for=pc。

升级、低碳市场机制优化、监测评估体系建设等方面的实施方案不断细化，逐渐形成"双碳"政策体系。但"双碳"工作是复杂的系统工程，需要各地区各部门、各层级各主体协同推进，预计福建省下一阶段或将在统筹协调好各利益相关方权利、责任、义务的基础上，完善系统性政策体系。一是推动有为政府和有效市场更好结合，将"双碳"工作相关指标纳入各地区经济社会发展综合评价体系，有效发挥碳市场等政策工具对行业、企业的引导作用，压实各主体责任，汇聚工作合力。二是坚持系统观念，衔接国家层面要求，注重各领域的协同，发布重点领域和行业碳达峰实施方案和支撑保障措施。

### （三）试点实践更深化

福建省已提出在厦门、南平、三明等城市探索开展试点示范工程建设，加强低碳社区、低碳园区、近零排放试点工程等不同层面的实践探索，试点工作不断走实走深，如福建三峡海上风电国际产业园已通过加强新能源利用及购买碳汇等方式实现碳中和。下一阶段，福建省或将围绕以下两方面进一步深化试点示范工作。一方面，以工业园区为抓手，结合福建省产业结构特色，研究编制低碳工业园区试点实施方案，在此基础上进一步扩大低碳试点实施范畴，开展典型景区、建筑、企业等低碳试点工程，形成多层级、多类型的低碳零碳试点体系。另一方面，强化试点示范工程的资金、政策保障，推进"双碳"产业技术、标准体系、市场机制、管理机制的应用和创新，及时推广行之有效的经验做法。

## 三　福建省控碳减碳政策建议

### （一）完善减碳工作顶层设计，构建"1+N"政策体系统筹推动全省减碳控碳进程

一是统筹制订全省碳达峰方案。立足福建省减排工作全局，加强工业、

交通、建筑、居民等各领域的协同，编制全省碳达峰方案，细化逐年减排量化指标，完善减排工作的评估反馈机制。二是开展重点领域专项减排行动。将"两高"项目碳排放及能耗情况纳入项目环境评价体系，通过行政手段及激励机制推动企业主动开展节能改造。三是开展新形势下能耗"双控"策略研究。针对新增可再生能源和原料用能不纳入能源消费总量控制，优化能源消费计量监测模型，合理分配能耗指标，推动"双控"机制的平稳过渡。

### （二）加快碳排放核算方法研究，建立规范统一的碳排放标准体系支撑减碳控碳规划制定

一是建立健全碳排放核算标准体系。构建能源消费与碳排放的关联模型，结合福建省能源消费情况明确更符合省情的碳排放因子，增强统计数据的时效性和准确性。二是完善碳排放披露机制。推动各部门数据信息资源贯通，构建重点领域、重点企业碳排放定期披露机制，建立碳排放强度等级体系，为制订碳减排行动计划提供数据支撑。三是加大碳排放核查监管力度。建立动态化的资质管理制度和长期备案问责制度，加强对评审专家、核查人员和咨询公司的信用监管。

### （三）加快推动低碳试点先行，通过试点工程积极探索控碳减碳经验

一是加大低碳试点支持力度。在全省范围内遴选一批减排潜力较大或低碳转型基础较好的城区、工业园区或建筑试点，指导试点编制低碳发展实施方案，通过补助及政策支持鼓励试点项目开展产学研合作，探索可再生能源开发利用、化石能源替代、碳捕集、利用与封存（CCUS）技术，建筑能效管理等方法应用，形成体系完备的低碳发展模式。二是积极探索创新经验和做法。进一步明确核证自愿减排量标准，优化碳汇开发周期和管理流程，提升林业碳汇项目的资金回收率。完善低碳基金、碳普惠、绿色贷款等金融产品，将碳汇项目及相关产业纳入银行低息贷款的支持范围。

（四）加大"双碳"工作考核力度，发挥行政监督手段保障减碳控碳工作成效

一是加强减排成效考核。将"双碳"工作纳入省属国企考核评价体系，围绕重点领域、重点项目，定期开展减碳工作成效督查工作，对未完成目标的企业进行通报约谈，更好推动企业低碳转型工作任务落细落实。二是强化低碳考核结果运用。将考核结果作为绿色企业评定的重要依据，对成效显著的企业给予表扬奖励，鼓励政府机关优先采购绿色企业制造的产品，营造企业主动减排氛围。

# B.7
# 2022年福建省碳中和分析报告

陈津莼　郑　楠　李源非*

**摘　要：** 碳中和是一场广泛而深刻的社会系统性变革，要求各地要尽早布局、统筹推进。福建省能源结构清洁程度高、能源利用技术全国领先，在碳中和工作推进中具备一定的优势，但产业结构偏重，碳捕集、利用和封存与氢能等关键技术布局滞后，或将成为未来全省深度脱碳的掣肘。当前，全国及福建省在社区、工业园区、大型活动和建筑等四个层面，探索开展了碳中和试点工作，为福建省进一步深化碳中和试点工作提供经验借鉴。为全面推进碳中和进程，福建省应重点做好四大领域减排工作：在供能行业加强灵活性资源建设，提升清洁能源利用水平，构建电—氢协同的新能源体系；在制造业优化生产工艺和清洁能源利用技术，加强化石能源燃烧排放治理；在交通运输行业推动清洁交通工具的升级和清洁动力技术的突破；在居民生活领域推动日常出行和建筑用能低碳发展。

**关键词：** 碳中和　碳排放　碳中和试点

《福建"碳达峰、碳中和"报告（2021）》编写组考虑能源结构变化

---

* 陈津莼，工学硕士，国网福建省电力有限公司经济技术研究院，研究方向为综合能源、能源战略与政策；郑楠，工学硕士，国网福建省电力有限公司经济技术研究院，研究方向为能源经济、能源战略与政策；李源非，管理学硕士，国网福建省电力有限公司经济技术研究院，研究方向为能源经济、能源战略与政策。

趋势的不确定性，对福建省中远期碳排放趋势进行测算，结果表明：福建省碳排放将于 2054~2060 年进入平台期，考虑林业碳汇、海洋碳汇、土壤碳汇及碳捕集、利用与封存（CCUS）技术，可将于 2049~2057 年实现碳中和。2021 年，福建省先行先试，已经在社区、工业园区、大型活动、建筑等多个方面开展了碳中和试点工作，理论研究和实践探索正在持续推进。

# 一　福建省碳中和形势分析

## （一）福建省开展碳中和工作的优势机遇

由于生态系统的碳汇能力有限，为实现碳中和发展目标，要最大限度降低二氧化碳排放量，即在满足经济发展需求的同时尽可能减少化石能源的使用。因此，提高清洁能源利用水平、推动能源结构低碳转型，将成为实现碳中和目标的决定性因素。福建省核电、水电资源丰富，风电资源潜力充沛，清洁能源开发利用技术领先，具备突出优势。

### 1. 能源结构清洁程度高

福建省能源结构优势显著，低碳化转型基础良好。2020 年全省能源消费总量中非化石能源消费量占 23.6%，[1] 较全国高出 7.7 个百分点。同时，福建省核电、海上风电资源丰富，其中海上风电已勘测可开发量达 7000 万千瓦以上，[2] 预计 2060 年清洁能源装机容量将超过 1 亿千瓦，能够为实现碳中和提供良好基础。

### 2. 清洁能源利用技术全国领先

福建省多项能源技术已经达到国内领先水平，成功并网中国首台 10 兆瓦级别海上风电机组和首个"华龙一号"核电技术应用项目，宁德时代储能电池能量密度可达 166.1 瓦时/千克，[3] 技术世界领先；莆田钜能光

---

① 《中国统计年鉴 2021》，中国统计出版社，2021。
② 福建省风能资源数据来自《福建省海上风电场工程规划报告（2021 年修编）（征求意见稿）》。
③ 《啥也不说了，上最真实动力电池能量密度排行》，有车以后网，2019 年 6 月 26 日，https：//www.youcheyihou.com/news/205819。

伏 HJT 异质结电池转换率可达 25.31%①。此外，2021 年 3 月，厦门金龙旅行车有限公司与徐州徐工汽车制造有限公司签署战略合作协议，明确就新能源重卡研发等方面开展深度合作；2021 年 10 月，青山实业与格林美集团合资建设的青美新能源循环经济低碳产业园进入试产运行阶段，三元前驱体材料年产量可达 10 万吨，带动福建省新能源技术产业链持续向上下游延伸。下阶段，新能源产业创新示范区加快建成，将更好地助力福建省打造能源技术产业高地，以技术手段持续为低碳发展赋能。

### （二）福建省开展碳中和工作的困难挑战

在持续推动经济发展的同时达成碳中和目标，关键在于加快推动产业结构升级转型、发展颠覆性的新能源技术和负碳技术，实现经济增长与碳排放的深度脱钩。福建省产业结构总体偏重、前沿低碳技术起步较晚，将成为未来全省深度脱碳的掣肘。

#### 1. 经济结构特征导致产业结构偏重

中国经济仍处于较快发展阶段，国家提出的"制造强国"战略将持续推动制造业和实体经济快速发展，据中国工程院测算，2060 年中国第二产业增加值占 GDP 比重约为 33%。② 以美国为代表的发达国家现阶段第二产业增加值占 GDP 比重已降至 30% 以下，因此未来中国工业用能占比与能源消费强度仍将显著高于其他发达国家。福建省经济结构以第二产业为核心，2020 年第二产业增加值占 GDP 比重为 46.3%，高于全国 8.5 个百分点，六大高耗能行业能源消费量占能源消费总量的 50.5%，高于全国 1.7 个百分点。③ 承接国家"制造强国"发展战略，福建省提出要毫不动摇地把新型工业化作为现代化的着力点，大力实施"强制造"计划，加快建设先进制造

---

① 《25.31%！异质结电池量产转换效率再破纪录！》，素比光伏网，2021 年 8 月 2 日，https：//news. solarbe. com/202108/02/342469. html。

② 《中国工程院院士、中国工程院原副院长邬贺铨：2030 年到 2060 年预计我国二产贡献碳减排约 5%》，腾讯网，2021 年 9 月 7 日，https：//new. qq. com/rain/a/20210907A04Q0I00。

③ 《福建统计年鉴 2021》，中国统计出版社，2021。

业强省。综合来看，制造业仍是福建省未来经济发展的重要支柱，预计2060年，福建省第二产业增加值占GDP比重仍将高于全国，实现碳中和任重道远。

2. CCUS 技术、氢能等先进技术起步较晚

加快构建以清洁能源为主体的能源供应体系，提升化石能源清洁利用水平，能够有效推动经济增长与碳排放脱钩，是实现碳中和的必然发展道路。由于CCUS技术能够捕集化石能源消费排放的二氧化碳，氢能可与可再生能源发电形成互补，二者是实现碳中和目标的关键技术。在氢能发展方面，截至2021年，上海、四川等10余个省（市）已经提出了氢能发展量化目标及省级氢能产业发展规划，目前福建省级层面仅发布了《福建省氢能产业发展规划（2021—2025）（征求意见稿）》，市级层面仅福州市出台了支持氢能发展的措施。在CCUS技术发展方面，内蒙古、吉林、江苏、天津等省（区、市）已在发电领域开展了20余个CCUS示范项目，福建省CCUS技术的研究仍处于起步阶段。综合来看，福建省在氢能及CCUS技术等前瞻性、颠覆性低碳技术领域起步较晚，未来要想实现深度脱碳或将面临技术瓶颈。

# 二　福建省碳中和探索情况

中国从碳达峰到碳中和相隔30年，仅为发达国家的一半左右，任务异常艰巨。在推动全社会有序达峰的同时，以试点先行开展碳中和的实践探索，是如期实现碳中和目标的重要保障。截至2021年，包含福建在内的多个省份已在社区、工业园区、大型活动和建筑等方面开展了碳中和试点工作，为实现碳中和目标积累了实践经验。

## （一）社区碳中和试点情况

社区是城市中最小的单元，开展社区碳中和试点对实现城市碳中和具有重要实践意义。截至2021年，厦门东坪山片区、青岛奥帆中心零碳社区、深圳新桥世居等社区，以及青岛中德生态园社区、广东福兴新村等均已实现

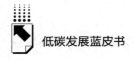

近零排放，为社区低碳发展提供了案例参考。①

在建筑技术应用方面，青岛中德生态园社区建设了 40 万平方米超低能耗建筑，②涵盖学校、幼儿园、酒店、住宅等多类型建筑，通过高效热回收的新风系统最大限度地利用室内排风热量，实现 92% 以上的节能率，单位面积建筑每年消耗的非可再生能源小于 120 千瓦时。

在社区能源供应方面，厦门东坪山片区在主要干道上新增 429 盏太阳能路灯，③减少了片区照明系统的能源消费；广东福兴新村在建筑屋顶和公共区域安装了 28 个太阳能光伏发电站，总装机容量达 148.06 千瓦，小区内可再生能源使用占比达 21.5%；④深圳新桥世居广泛应用光伏建筑一体化集成技术，通过轻质光伏组件+边框固定设计，对社区内的建筑墙面进行改造，为建筑提供清洁能源。

在能源管理方面，青岛奥帆中心零碳社区对区域内 10 座建筑进行能效提升改造，依托大数据、互联网等手段，构建区域能源控制平台进行能耗监测和智慧管控，实现每栋建筑能源系统的按需控制。

2021 年，福建省将低碳社区建设纳入生态环境保护目标责任书考核。在省政府政策引导下，各地市正加快布局低碳社区试点建设工作，如厦门市出台了《厦门市低碳社区验收技术规范（试行）》《厦门市近零碳排放示范

① 《【思明改革创新】思明区东坪山片区入选 2021 年全国绿色低碳典型案例》，厦门网，2022年 1 月 21 日，https：//siming. xmnn. cn/smqshgg/202201/t20220121_ 5476659. htm；青岛：奥帆中心零碳社区的"账本"》，"科技日报"百家号，2021 年 11 月 10 日，https：//baijiahao. baidu. com/s？id=1715969850836728094；《客家围屋变身深圳首个"近零碳社区"运用 140 多项"黑科技"解决碳排放难题》，新浪网，2021 年 12 月 26 日，http：//k. sina. com. cn/article_ 1893278624_ 70d923a002000y1qb. html；《青岛中德生态园入选 C40全球零碳社区案例》，中国工业新闻网，2021 年 9 月 21 日，http：//www. cinn. cn/dfgy/202109/t20210921_ 247248. shtml；《团标调研｜走进广东省首个"近零碳排放示范社区"》，南方周末，2021 年 11 月 16 日，http：//www. infzm. com/contents/218057。
② 《中德生态园规模化推广被动式超低能耗建筑入选 C40 优秀案例》，"大众日报"百家号，2021 年9 月 22 日，https：//baijiahao. baidu. com/s？id=1711568966105560800&wfr=spider&for=pc。
③ 《思明区东坪山片区入选 2021 年全国绿色低碳典型案例》，《思明快报》，2022 年 1 月 21日，https：//siming. xmnn. cn/smqshgg/202201/t20220121_ 5476659. htm。
④ 《打造乡村低碳生活"中山样本"》，"九派新闻"百家号，2021 年 9 月 29 日，https：//baijiahao. baidu. com/s？id=1712227897274637898&wfr=spider&for=pc。

工程之近零碳景区验收技术规范（试行）》等标准文件，并提出在湖里区、海沧区开展低碳社区和近零碳排放示范景区试点创建工作；泉州市发布了20个低碳试点示范社区建设对象名单，并提出了试点建设方案。

为深化社区碳中和试点建设，福建省可加强低碳建筑应用，大力推广装配式建筑技术，减少在建筑材料、施工建设等过程中的化石能源使用；推广清洁能源应用，积极推进天然气等清洁能源使用，鼓励有条件的社区开发屋顶、墙面光伏，在社区内采用太阳能照明系统。

## （二）工业园区碳中和试点举措

工业园区是经济增长的重要载体，也是最大的能源消费者，推动工业园区低碳发展是实现经济增长与碳排放深度脱钩的关键。目前，国内多个省（市）已试点开展零碳工业园区建设相关工作，截至2021年，福建三峡海上风电国际产业园、北京金风科技亦庄智慧园区、上海电气风电汕头基地等先后获得了碳中和认证。

在工业园区能源供给方面，福建三峡海上风电国际产业园充分利用园区内的风电产业链，在园区内建立国家级海上风电研发、检测和认证三大中心，吸引GE、西门子等多家产商入驻开展风机试验，形成了包含屋顶光伏、测试风机、储能及微网控制系统的智能微网，年平均发电量为5360万千瓦时，可减少碳排放量约3.8万吨。[①]上海电气风电汕头基地建设了8兆瓦+4兆瓦智能风机，并配套2.4兆瓦屋顶光伏及2兆瓦储能调峰等能源替代措施，通过光伏和储能系统向风机送电，首次实现世界8兆瓦级别风机的"黑启动"。[②]

在能源管理方面，北京金风科技亦庄智慧园区构建智慧能效平台，实现园区内水、电、气等能耗的数字化和可视化。针对能耗占比最高的建筑空调进行节能改造，通过水蓄能空调和全钒液流储能、锂电池、超级电容器等设备，

①《全国首本工业园区"碳中和"证书颁发》，"福州新闻网"百家号，2021年5月29日，https：//baijiahao.baidu.com/s？id=1701053713129353225&wfr=spider&for=pc。
②《开启海上风电新时代》，"人民资讯"百家号，2021年9月28日，https：//baijiahao.baidu.com/s？id=1712100325861331045&wfr=spider&for=pc。

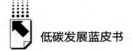

实现系统负荷削峰填谷，提升园区供电质量和用电能效，年均节约用电量可达 60 万千瓦时①。

在碳中和概念提出前，福建省已经开始布局低碳工业园区，其中长泰经济开发区入选国家首批低碳工业园区试点。2021 年，福建省将深化低碳园区试点示范写入政府工作报告和"十四五"规划纲要；福州市出台《工业（产业）园区绿色低碳园区建设导则》，明确低碳园区建设标准；厦门市提出要在集美后溪工业园区、盛德东南新能源生态园区开展低碳工业园区试点项目。

为强化低碳工业园区建设，福建省可充分利用园区工业余热，推动园区传统热源与钢铁、化工等重点用能企业的协同运行；加快园区集中供能设施建设，发展风、光等可再生能源，利用柔性电力技术和储能技术，构建工业园区微网，推动园区可再生能源就地消纳；发展园区公共交通，提升园区内部公交、物流车中的新能源汽车占比，统筹制定充电站配套设施规划。

### （三）大型活动碳中和试点举措

推动大型活动实现碳中和，是推动践行低碳理念、弘扬绿色低碳社会风尚的重要举措。2010 年以来，国内的一些大型活动已相继开展了碳中和相关工作，如 2010 年上海世博会、2014 年北京 APEC 峰会、2017 年 G20 杭州峰会等都通过新建林业项目、利用碳汇中和会议排放二氧化碳的方式实现碳中和。随着碳达峰碳中和目标的提出，福建、四川、青海等省份在多个国际大型活动及公务会议中采用以碳汇抵消碳排放的方式实现碳中和。第二十一届中国国际投资贸易洽谈会（以下简称"第二十一届投洽会"）、北京冬奥会等多个国际活动在使用碳汇的同时，进行了多方面的低碳措施探索，以减少活动及会议本身产生的二氧化碳排放量。

在场馆建设方面，第二十一届投洽会采用易拆卸的展台设计，尽可能减

---

① 《零碳园区可以这样进行建设、界定核算！》，"城市观察员"百家号，2021 年 10 月 21 日，https：//baijiahao．baidu．com/s？id＝1714239450238188469&wfr＝spider&for＝pc。

少非必要装饰，选用可重复利用、使用寿命长的环保材料，减少大屏幕等耗电设备使用，禁止使用不可降解塑料制品，有效减少展会的碳排放。北京冬奥会利用了6个北京奥运会场馆，减少新建场馆耗材，在国家速滑馆等场馆采用特殊结构屋面，有效降低建筑物挑高，在节约建材的同时减少建筑能耗需求。

在办公用品方面，第二十一届投洽会采用射频（RFID）证件卡，实现对入场人员的智能身份、健康和防疫信息的一卡查验，减少传统会议通关所需耗材。北京冬奥组委充分利用OA办公系统、视频会议系统等现代化办公手段，减少纸张使用产生的碳排放。

在交通方面，北京冬奥会及冬残奥会在赛事服务客运车辆中投放了大量氢燃料汽车、纯电汽车及天然气燃料汽车等，节能与清洁能源车辆在小客车中占100%，在全部车辆中占比达到85.8%，并在赛区内新建两座"100%绿氢"的加氢站，为氢燃料汽车提供清洁动力。①

2021年，福建省生态环境厅、发改委等8部门联合印发《福建省大型活动和公务会议碳中和实施方案（试行）》，明确提出要以大型活动和公务会议为重点，以党政机关为引领，试点探索碳中和，力争到2025年，省内举办的各类大型活动、公务会议均可实现碳中和。这表明了福建省将以大型活动为抓手，鼓励各行业、各领域营造低碳发展氛围，助力全省实现碳中和目标。

为加快推进大型活动和会议实现碳中和，福建省可在活动场馆、会议展台搭建中，推广应用可回收、可循环使用的低碳建材和低能耗电子产品，减少非必要的耗材使用量；提高活动或会议专线交通的新能源汽车比例，开发与会人员碳足迹测算系统，鼓励与会人员绿色出行。

### （四）建筑碳中和试点举措

建筑是城市的重要构成部分，降低建筑的碳排放量是实现碳中和的重要

---

① 《历届最高！北京冬奥会节能与清洁能源车辆占比超85%》，"新浪财经"百家号，2021年5月27日，https：//baijiahao. baidu. com/s? id＝1700857165218101737&wfr＝spider&for＝pc。

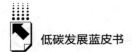

途径之一。早在 2012 年，香港首座零碳建筑——"零碳天地"正式对外开放，近年来福建厦门湖里区行政中心、中新天津生态城公屋展示中心等建筑也通过多种减排措施和购买碳汇的方式实现碳中和。

在能源利用方面，香港"零碳天地"通过以废置食用油制成的生物柴油为燃料的三联供系统为建筑供能，生物柴油通过特制设备发电，形成的发电余热被用来制冷，制冷后的余热再用来除湿，实现建筑内的电冷热三联供，能源利用率较传统发电利用率提升约 30 个百分点。中新天津生态城在建筑内共安装了 32 个导光筒，将阳光经多次高效反射投射到室内，减少建筑的照明用电需求。①

在能效管理方面，厦门湖里区行政中心架设了风光互补路灯及电动汽车群智能充电系统，委托节能服务公司对区行政中心大楼进行了能源管理综合节能改造。香港"零碳天地"在主建筑内外共安装了 2800 个探测器②，根据室内外的温度、湿度、光照及二氧化碳情况，智能控制室内空调运行。

在建筑设计方面，香港"零碳天地"建筑屋顶北高南低，水平仰角达到 21°，最大限度地增加室内自然采光，同时屋檐向低处延伸，降低夏季室内温度，减少空调制冷能耗。中新天津生态城公屋展示中心基于烟囱效应的通风系统实现室内外空气循环、利用导光筒折射和反射太阳光为室内照明、利用地源热泵为建筑内供热制冷等，成为天津首座零碳建筑。

现阶段，中国的碳中和建筑以展示性项目为主，试点项目仍然较少。福建省暂未提出进一步开展建筑碳中和试点方案，但明确提出要推广绿色建筑。2021 年 8 月，福建省第十三届人大常委会表决通过《福建省绿色建筑发展条例》，该条例首次提出绿色建筑专项规划，明确政府投资及以政府投资为主的公共建筑应满足相应的绿色建筑标准，为推进建筑节能提供政策依据。

---

① 《探访中新天津生态城的绿色建筑："零碳"建筑里的绿色生活》，"金台资讯"百家号，2021年 8 月 26 日，https://baijiahao.baidu.com/s? id=1709143122021034105&wfr=spider&for=pc。

② 《香港："零碳天地"三步曲》，国家能源局网站，2012 年 8 月 30 日，http://www.nea.gov.cn/2012-08/30/c_131817294.htm。

借鉴国内零碳建筑的典型做法，福建省可开展机关、学校、医院等行政楼试点工作，开展既有建筑低碳改造，推广新型墙体、节能门窗等环保材料，降低建筑能耗水平；在景区或活动展厅试点打造低碳建筑示范工程，创新通风、采光、雨水利用等系统设计，加强对建筑能效管理技术的应用，开展对超低能耗建筑技术的探索。

# 三 福建省重点领域推进碳中和发展建议

实现全社会碳中和目标，要求在试点先行的基础上，推动各领域共同参与、协同开展减排工作。其中供能行业、制造业、交通行业和居民生活领域作为福建省最大的碳排放来源，将成为实现碳中和目标重点攻坚的领域。

## （一）供能行业

减少风、光等清洁能源间歇性和不确定性对现有能源体系产生的冲击，加快氢能与现有能源系统的协同发展，是推动供能行业低碳转型的关键，因此需要加强灵活性资源建设，提升清洁能源利用水平，构建电—氢协同的新能源体系。在灵活资源建设方面，持续推进现有煤电机组深度调峰改造，加快推动煤电机组由主体电源向基础保障性和系统调节性电源转变，研究核电深度调峰技术，充分挖掘福清、漳州等地核电机组调峰潜力，加快发展大规模储能技术，为清洁能源大规模开发利用提供支撑。在清洁能源利用方面，加快开展新能源智能电网技术、分布式可再生能源网络技术研究，提升新能源出力预测精确度，实现大规模可再生能源的协同调度。在能源体系方面，突破清洁能源发电制氢、氢储运及氢能应用等关键技术，依托福清、平潭、霞浦等沿海海上风电基地，构建电—氢协同的新能源体系，将氢作为跨季节、跨地区储能手段，拓展清洁能源的应用场景。

## （二）制造业

降低制造业发展对化石能源的依赖程度，要通过生产工艺和清洁能源利用技术优化，推动清洁能源对传统化石能源的替代，同时要加强化石能源燃烧排放治理。在生产过程方面，革新制造业的生产工艺和流程，提升终端用能部门电气化水平，对于电气化难以满足生产要求的环节，改用氢气、甲醇和生物燃料等低碳能源，减少生产过程中化石能源使用量。在能源利用方面，以福州、厦门、泉州等中心城市先行先试，逐步推进全省工业园区微电网建设，研究开发工业园区能源管控集成系统，提高分布式可再生能源、余能余热利用效率，降低工业自有发电、产热碳排放。在排放治理方面，大力发展 CCUS 技术，通过负碳技术达到减排目的。

## （三）交通运输行业

交通运输行业减排的关键在于推动公路、铁路、航空、水路等不同运输领域清洁交通工具的升级和清洁动力技术的突破。在公路运输方面，加强电动汽车电池技术及氢燃料电池汽车、氢气制储运输及加注等环节技术的研发，加快推动新能源客车、中轻微卡等交通工具应用。在铁路运输方面，加快铁路电气化进程，深化现有铁路电气化改造，探索低碳燃料驱动技术。在航运、水运方面，支持厦门大学等高等院校开展氢燃料及氨能关键技术研究，适时引入氢燃料飞机、船舶相关产业，推动航空及水运燃料去碳化。

## （四）居民生活领域

日常出行和建筑用能需求是居民生活碳排放的主要来源，推动日常交通和建筑用能低碳发展是居民生活减排工作的主要抓手。在日常出行方面，完善地铁、公交等公共交通网络，鼓励居民绿色出行，加快充电桩、换电站等基础设施建设，持续促进电动汽车推广应用。在建筑供能方面，探索发展屋顶、墙面光伏，提升清洁能源消费占比，促进装配式绿色建筑推广应用。

# 能源治理篇

Energy Governance Reports

## B.8
## 福建省打造东南清洁能源大枢纽
## 分析报告

李益楠　项康利　杜翼*

**摘　要：** 福建省清洁电力资源丰富、新能源产业发展迅猛，海上风电已勘测可开发量达 7000 万千瓦以上，经济技术可行的核电可装机容量达 3300 万千瓦，省内已形成了集装备技术研发、设备制造、建设安装、运行维护于一体的海上风电全产业链体系，已研发了最高转换效率达到 25.31% 的异质结电池，刷新了量产异质结电池转换效率的世界纪录。同时，福建省位于长三角、粤港澳等区域交汇点，聚集了生态文明试验区、21 世纪海上丝绸之路核心区等"多区叠加"的政策优势。但是，福建省也面临海上风电开发存在较大不确定性、清洁能源跨省输送设

---

* 李益楠，工学硕士，国网福建省电力有限公司经济技术研究院，研究方向为能源经济、能源战略与政策；项康利，工学硕士，国网福建省电力有限公司经济技术研究院，研究方向为能源经济、能源战略与政策；杜翼，工学硕士，国网福建省电力有限公司经济技术研究院，研究方向为能源经济、电网规划、能源战略与政策。

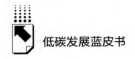
施尚未健全、能源电力供应安全压力与日俱增、能源供应成本增加等风险挑战。本报告建议福建省发挥自身优势，在充分挖掘资源潜力、持续扩大产业优势、协同推进系统升级、加紧完善长效机制等方面进一步发力，打造东南清洁能源大枢纽，助力全国实现碳达峰碳中和。

**关键词：** 清洁能源大枢纽　清洁电力　东南沿海

实现全国碳达峰碳中和目标，要求清洁能源能够在更大范围内进行优化配置，且要兼顾安全、高效。因此，加快发展清洁能源、加强省际能源互补互济，是保障能源安全供应、实现碳达峰碳中和目标的重要手段。福建省清洁能源资源丰富，且位于长三角、粤港澳等区域交汇点，有必要、有条件、有机遇推动省内清洁能源加快发展，加强基础设施互联互通，打造联结长三角、对接粤港澳、辐射华中腹地以及台湾本岛的东南清洁能源大枢纽，促进省际能源余缺互济。

## 一　福建省打造东南清洁能源大枢纽具备的优势

### （一）资源优势方面，福建省清洁能源可开发空间巨大

福建省东临东海，受季风和台湾海峡"狭管效应"的共同影响，沿海陆上和海上风电资源储备丰富，其中海上风电已勘测可开发量达7000万千瓦以上，① 截至2021年已开发规模仅为735万千瓦，未来仍然有巨大的发展空间，在建设新型电力系统时，能够成为保障福建省能源清洁供应的"主力军"。此外，福建省核电厂址资源得天独厚，可装机容量达3300万千瓦，

---

① 本报告涉及的电力数据均来自国网福建省电力有限公司。

截至 2021 年仅开发 986 万千瓦，开发率为 29.9%，未来仍然可进一步发挥厂址优势，推动核电成为福建省能源供应的"压舱石"。

## （二）产业优势方面，福建省新能源产业集群化发展迅猛

一是锂电新能源产业，宁德已成为全球最大的聚合物锂电池生产基地，其中宁德时代为全球最大动力电池供应商，在福建省已建和在建的锂电池产能达 265 吉瓦时，2020 年全球市场占有率达 24.8%，位居全球第一，国内市场占有率为 50%，位居全国第一。[①] 二是海上风电产业，福建省基本形成了福州和漳州两个海上风电"发展极"。在福州福清建成三峡海上风电国际产业园，形成了集装备技术研发、设备制造、建设安装、运行维护于一体的海上风电全产业链体系，下线了 8 兆瓦、10 兆瓦的海上风机，2020 年园区年产值超过 60 亿元[②]。同时，国家海上风电研究与试验检测基地落户福建福清，有望带动以产业园为主体的高端风电装备制造产业。漳州外海积极打造千万千瓦级海上风电能源基地，2020 年风电装备制造和施工运维产业链产值实现 110 亿元。三是光伏产业，莆田、泉州等地已形成较大规模的光伏产业制造集群，龙头企业金石能源、钜能电力的异质结电池转换效率均突破 25%，异质结电池装备的研发、制造、服务、技术水平均为国际领先。通过发挥龙头企业和产业园区的引领带动、资源聚合作用，福建省有望打造国家级乃至世界级的低碳产业技术、标准和装备输出高地。

## （三）区位优势方面，福建省清洁能源枢纽不可替代

福建省东临宝岛台湾、西通华中腹地、南接粤港澳、北连长三角，是多个区域协同发展的交汇点。与此同时，与福建省相邻的浙江、广东和江西2021 年受入电量分别达 1288 亿千瓦时、1713 亿千瓦时和 237 亿千瓦时，均无法满足区域内的用能需求，且三个相邻省份的火电占比均高于福建省，与

① 宁德时代数据为课题组调研收集。
② 《胡建华调研考察三峡集团海上风电产业园》，新浪网，2021 年 5 月 13 日，http：//finance. sina. com. cn/enterprise/central/2021-05-13/doc-ikmyaawc5037137. shtml。

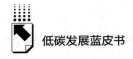

低碳循环、绿色发展的定位仍有差距。依托区位优势，福建省未来能够促进华东、华中、粤港澳以及海峡两岸的清洁能源优化配置，推动更广区域实现碳达峰碳中和目标。

### （四）政策优势方面，福建省"多区叠加"赢得发展主动权

1980 年，国务院批准设立厦门经济特区；2009 年，福建省根据《国务院关于支持福建省加快建设海峡西岸经济区的若干意见》设立福建（平潭）综合实验区；2014 年，国务院批准设立中国（福建）自由贸易试验区，成为中国境内继上海自由贸易试验区之后的第二批自由贸易试验区；2015 年，经国务院授权，国家发改委、外交部、商务部发布《推动共建丝绸之路经济带和 21 世纪海上丝绸之路的愿景与行动》，明确提出支持福建建设 21 世纪海上丝绸之路核心区；2016 年，中共中央办公厅、国务院办公厅印发了《关于设立统一规范的国家生态文明试验区的意见》及《国家生态文明试验区（福建）实施方案》，福建省生态文明试验区正式启动建设；2019 年，福建省国家数字经济创新发展试验区在第六届世界互联网大会上正式授牌。总体上，福建省聚集了经济特区、自由贸易试验区、综合实验区、生态文明试验区、21 世纪海上丝绸之路核心区、数字经济创新发展试验区等多项政策优势，是全国优惠政策落地最多、最集中的省份之一，"多区叠加"政策优势带来的发展活力是福建省高质量发展的重要动力。

## 二 福建省打造东南清洁能源大枢纽面临的挑战

### （一）海上风电开发存在较大不确定性

一是海洋功能区问题。2011 年，海洋主管部门划定了福建省海洋功能区，当时海上风电处于起步阶段，大部分的渔业养殖区、保留区、特殊利用区等未明确兼容海上风电开发功能。二是海洋生态问题。海上风电场工程规划时仅考虑海上风电场不占用生态红线，但未考虑风电场的海缆登陆点会占

用或临时占用海洋生态红线的问题。同时，《福建省湿地占补平衡暂行管理办法》已经将沿海水深 6 米以内的区域全部定义为"滨海湿地"，对于占用问题有待进一步协调解决。三是军事和航道问题。福建省沿海军事设施多，涉及海陆空、火箭军、省军区等，海上风电开发建设单位需与部队进行沟通，台湾海峡深远海海上风电开发还存在涉台等敏感问题。同时，台湾海峡靠福建侧航道密集，造成风电场选址困难，且因同行船只较多，容易与风电施工、运维船舶发生航道冲突。2016 年，国家能源局批复福建省 17 个规划海上风电场，总装机容量 1330 万千瓦，分布在宁德、福州、莆田、漳州海域，受军事、航道因素制约，截至 2021 年，海上风电装机规模仅 314 万千瓦。

## （二）清洁能源跨省输送设施尚未健全

风、光、核等清洁能源跨省输送主要依靠超高压和特高压电力联网工程，目前福建省对外输送清洁能源的互联通道仍未健全。2021 年 4 月 23 日，闽粤联网工程正式开工建设，预计 2022 年将初步建成，建成后主要用于福建省和广东省在紧急电力事故下的互相备用，输送容量仅为 200 万千瓦，同时，福建省与江西省、台湾地区的电力联网方案尚未确定。总体来看，依托当前跨省输送设施，福建省清洁能源输送范围和输送能力有限。

## （三）能源电力供应安全压力与日俱增

风电、光伏等新能源的大规模开发将给电力系统安全稳定运行带来风险与挑战。一是电网稳定运行压力激增。在未来一段时间内，福建省电力系统仍将以交流技术为主导，随着新能源和多种用能形式出现，电力电子设备大量接入，维持交流电网安全稳定的物理基础将被不断削弱，其中海上风电大规模接入将造成接入点和地区电网电压的波动，分布式光伏大量接入将改变配电网运行特性，电网的传统安全稳定问题将呈现恶化趋势。同时，福建省台风等自然灾害多发，极端灾害天气情况下将造成风电、光伏等新能源出力大幅降低，加大对电力系统安全稳定运行和电力可靠供应的挑战。二是电力供需矛盾更加突出。电力系统的特性决定了电源出力与负荷必须实时平衡。"十三五"期间福建省用电峰谷差呈现逐年扩大趋势，2020年已达到1350万千瓦，占最高用电负荷的32%，预计"十四五"末福建省用电峰谷差将扩大到1780万千瓦，占最高用电负荷的36%。风电、光伏等新能源具有较强的随机性、波动性和间歇性，可调度性差，大规模接入电力系统后，必须配备更多灵活性电源以应对负荷和新能源的波动性。同时，风电、光伏"极热无风、晚峰无光"特点突出，存在夏季午高峰风电出力大幅降低、晚高峰光伏出力基本为零的问题，导致虽然电力供应总量充足，但高峰时刻出力短缺。

### （四）能源供应的成本将有所提升

目前，光伏、陆上风电已经实现平价上网，海上风电电价正加速向平价上网时代迈进。然而，为了保障高比例新能源并网消纳，灵活性电源投资、调节运行、电网扩建补强、配套送出工程等系统成本增加，预计2030年消纳新能源的系统成本将高于当前水平。总的看来，未来一段时间，新能源综合度电成本都将高于煤电，难以实现真正的"平价利用"。

## 三 福建省打造东南清洁能源大枢纽的相关建议

### （一）充分挖掘资源潜力，打造清洁能源生产基地

一是加快海上风电规模开发。超前启动深远海海上风电选址规划，推动海事、发改等部门共同探讨推进金马周边、台湾海峡等海上风电资源开发，全力打造国家级海上风电基地。二是引导分布式光伏有序发展。结合整县推进分布式光伏试点工作，因地制宜加快开发居民、机关、学校、医院、工厂等屋顶分布式光伏，推动建设海上养殖场渔光互补项目。三是推动大型核电项目平稳建设。紧抓核电厂址优势，扎实推进漳州核电等在建核电项目，做好储备厂址保护，积极有序推进核电规划项目报批，争取在既有厂址新增扩建机组并推动列入国家规划。

## （二）协同推进系统升级，加强清洁能源产供设施建设

一是加强电网互联互通。加快建设福州—厦门 1000 千伏特高压交流工程，畅通省内"北电南送"通道。加速建设闽粤联网工程，积极推进闽浙特高压第二通道和闽赣联网工程研究，启动开展福建至台湾本岛联网通电研究论证。二是提升系统调节能力。推进火电、核电灵活性改造，明确改造规模、具体项目和进度安排，火电调峰能力力争提升至 70%，核电逐步提升深度调峰能力、适时拓展应用场景。加快建设抽水蓄能电站，尽可能扩大蓄能库容，优先开发大库容抽水蓄能电站。支持新型储能规模化应用，深入研究关键场景储能配置模式，落实风电、光伏等新能源配建储能要求，风电场按不低于装机容量 10%配置，鼓励用户侧特别是有大型保电需求的公共场所配置电化学储能。深挖需求侧响应潜力，大力建设虚拟电厂，聚合电动汽车、用能终端等负荷，形成规模效应，构建可中断、可调节的大规模多元负荷资源库，共同参与电网运行控制，形成不少于最大负荷 5%的需求响应能力，有效解决供需不平衡问题。

## （三）加紧完善长效机制，健全能源转型保障体系

一是完善清洁能源市场化消纳机制。推动构建以市场化为核心的清洁能源消纳长效机制，通过绿色电力交易、绿色电力衍生品交易等方式，引导风电、光伏等清洁能源优化配置。探索与新能源发电特性相匹配的峰谷分时电价机制，考虑地区、季节差异，分类设置峰谷电价时段和价差，进一步促进新能源消纳。开展电—碳市场协调发展机制、碳价与电价传导机制研究，用好福建作为碳市场和电力现货市场双试点的先发优势，促进电能价格与碳排放成本有机结合，更好推动能源清洁低碳转型。二是健全极端情况下应急保电机制。正确认识新能源大规模并网情况下极端气候对电力系统安全稳定运行可能产生的影响，把能源供应安全保障机制建设提上更加重要的议事日程，尽快健全政府主导、行业共担、社会参与的大面积停电应急机制，动态修订涉电应急制度和标准，强化能源电力应急各主体责任，特别要进一步明确和提高重要用户应急电源配置标准。

# B.9
# 福建省新能源产业发展报告

陈晚晴　李益楠　杜翼*

**摘　要：** 近年来，福建省新能源产业发展迅猛。福建省目前已建立海上风电全产业链体系，风机制造实力强劲，多项技术行业领先；凭借资源、技术基础，在光伏产业展现强劲的发展潜力；依托储能行业龙头企业，形成具有国际竞争力的储能产业集群；在氢能供给及技术研究方面积累一定基础。福建省下一步应按照"以技术带发展，以应用促发展"的思路，统筹做好顶层设计，以"风、光、储、氢"四轮驱动助推福建省新能源产业升级，提升产业竞争力。

**关键词：** 新能源产业　海上风电　光伏　氢能

新能源产业是福建省"六四五"产业新体系中五大新兴产业之一，发展新能源产业是福建省推动能源清洁低碳转型、早日实现碳达峰碳中和目标的必经之路，也是福建省加快新旧动能转换、推动产业升级的必然选择。

## 一　福建省新能源产业政策

"十三五"时期，福建省全方位布局风光储发展，重点强调新能源

---

* 陈晚晴，工学硕士，国网福建省电力有限公司经济技术研究院，研究方向为综合能源、能源战略与政策；李益楠，工学硕士，国网福建省电力有限公司经济技术研究院，研究方向为能源经济、能源战略与政策；杜翼，工学硕士，国网福建省电力有限公司经济技术研究院，研究方向为能源经济、电网规划、能源战略与政策。

技术突破。2016年，《福建省人民政府关于印发实施创新驱动发展战略行动计划的通知》对新兴产业加速发展进行布局，其中新能源产业方面主要围绕打造国家级光伏产业基地、建设国家级海上风电研发中心和东南沿海风电装备制造基地、打造国内新型环保型动力电池制造和研发中心等重点任务开展相关工作。同年，上述新能源产业相关部署被纳入《福建省国民经济和社会发展第十三个五年规划纲要》，并形成专项文件《福建省"十三五"战略性新兴产业发展专项规划》，明确聚焦风、光、生物质等新能源，推进可再生能源技术以及智能电网、微电网技术的产业化，推动新能源高比例发展。随后，《福建省建设国家创新型省份实施方案》进一步细化相关要求，提出以加快"发展新产业、攻克新技术、构筑新平台、催生新业态、推广新模式"等"五新"任务推动新能源产业升级。

"十四五"时期，福建省蓄力打造高质量新能源产业集群，同时强调做好推广应用。2021年，《福建省"十四五"制造业高质量发展专项规划》印发，提出按照"领域聚焦、重点突破、融合发展"的思路，加快培育战略性新兴产业集群。其中，在新能源产业领域，强调要紧紧把握碳达峰碳中和要求带来的发展机遇，大力发展光伏、风电、氢能、智能电网和储能等新能源产业，突出高效、经济、创新发展，加快新能源在多领域的推广应用，打造集研发、制造、应用于一体，具有国际影响力的沿海新能源产业创新走廊和技术、标准、成果、装备输出高地。同年，《促进高新技术产业开发区高质量发展实施方案》发布，明确要加快培育龙头骨干企业，实施一批引领型重大项目和新技术应用示范工程，深入推进新能源"强链、补链、延链"工程；《福建省"十四五"战略性新兴产业发展专项规划》出台，提出到2025年，新能源产业增加值力争达到1000亿元，年均增长10.7%。

总体来看，福建省高度重视新能源产业发展，密集出台相关政策支持新能源产业做大做强，但未对新能源产业开展专项规划，新能源产业尚无体系化发展方案。

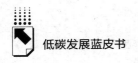
## 二 福建省新能源产业发展现状

近年来，福建省依托清洁能源大省优势，聚焦新能源产业重点领域和关键环节，大力推动新能源产业全方位发展，产业增加值年均增长25.5%。①

### （一）海上风电显著领跑

福建依托沿海优势积极探索实践，目前海上风电整机、电机、主要零部件等已进入批量化生产阶段，初步实现海上风电"福建造"。

一是风机制造实力强劲。10兆瓦海上风电机组在福清三峡海上风电国际产业园下线，刷新了当时亚太地区最大单机发电容量的纪录；12兆瓦海上风电机组已进入研发生产阶段，标志着中国在大功率等级海上风力发电机核心技术上取得了重大突破。福清三峡海上风电国际产业园具备全球领先的107米长叶片量产能力。金风科技拥有自主知识产权的6.X兆瓦永磁直驱系列化机组，在全球风力发电领域处于领先地位，其中6.7兆瓦机组入选福建省首台（套）重大技术装备名单。

二是装配及运维技术行业领先。目前，世界最大的吸力桩钢结构基础海上风电项目在长乐外海沉桩完成，填补了业内40米深水区导管架基础施工领域的空白。亚洲最大10兆瓦风电塔筒在福建完成吊装。60米新型海上风电运维母船在福州发布，相比欧洲同类船型，燃油效率更高，大幅度降低营运、运维成本。

三是全产业链体系逐步成型。福清三峡海上风电国际产业园已入驻包含金风科技在内的多家知名企业，形成集装备技术研发、设备制造、建设安装、运行维护于一体的海上风电全产业链体系，2020年产值超60亿元。②

---

① 《福建省人民政府办公厅关于印发福建省"十四五"战略性新兴产业发展专项规划的通知》，福建省人民政府网站，2021年10月29日，http：//www.fujian.gov.cn/zwgk/ztzl/tjzfznzb/zcwj/fj/202110/t20211029_5752253.htm。
② 《胡建华调研考察三峡集团海上风电产业园》，新浪网，2021年5月13日，http：//finance.sina.com.cn/enterprise/central/2021-05-13/doc-ikmyaawc5037137.shtml。

随着国家海上风电研究与试验检测基地落户福建，未来福建省有望打造出高端风电装备制造产业万亿集群。

## （二）光伏产业发展潜力十足

目前，福建省光伏及其应用产业发展水平处于全国中下游，2018年直接产值仅为100亿元，[①] 不到全国的2%，仅为江苏省光伏产值的1/40。福建省光伏产业虽产值规模较小，但在资源、技术方面具有一定基础，展现出强劲的发展潜力。

一是硅矿资源丰富。硅材料是生产光伏电池板的重要原料。福建省硅产量约占全国的9.4%、世界的6.7%，是多晶硅原材料优选地之一。[②]

二是异质结电池技术领先。莆田钜能电力异质结电池转换效率突破25.3%，刷新异质结电池量产纪录。泉州钧石能源自主开发的"二代异质结太阳能电池生产装备"入选国家能源局第一批能源领域首台（套）重大技术装备项目。金石能源自主研发的等离子体增强化学气相沉积设备（PECVD）腔体国内最大，极大提升了异质结电池产能。

三是产业聚集效应初现。全省共有光电信息产业园区12个，沿海与山区的产业梯度优势正逐步形成，区域性的光电产业聚集效应已经显现。厦门市火炬高新区光电产业集群已形成光照明、太阳能光伏、光通讯、平板显示、现代光学元器件等五大板块，是国家50个产业集群试点之一。莆田、泉州等地已形成较大规模的光伏产业制造集群，其中，泉州（南安）光电信息产业基地着力打造千兆瓦级光伏产业链，预计产值将达千亿元，目前已形成从硅矿采掘、粗加工至晶体硅太阳能电池生产的产业链。

## （三）储能产业实力强劲

福建省依托储能行业龙头企业，在高能量、长寿命电化学储能技术等领

---

① 《福建省光电产业规模不断壮大》，福建省工业和信息化厅网站，2019年6月10日，http：//gxt.fujian.gov.cn/xw/jxyw/201906/t20190610_4895321.htm。

② 丁刚、吴华刚：《福建省光伏太阳能电池产业发展的技术预见研究》，第九届全国技术预见学术研讨会，重庆，2014年11月。

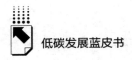

域遥遥领先，并已形成具有国际竞争力的储能产业集群。

一是电化学储能技术领跑全球。电池产品方面，龙头企业宁德时代储能系统电池成组能量密度可达到166.1瓦时/千克，高于三星、比亚迪等其他厂商；成功研发的第一代钠离子电池在快充性能、低温性能、系统集成效率以及安全性上优势突出，能量密度为160瓦时/千克，处于当前全球最高水平；成功推出业内首款循环寿命达到12000次以上的磷酸铁锂电池，远超市场3000~6000次循环寿命的平均水平，并在晋江百兆瓦时级储能电站落地应用。① 研究能力方面，电化学储能技术国家工程研究中心落户福建，重点开展高能量与高功率密度电池等关键核心技术开发，推动先进储能技术、装备研制和转化；厦门大学嘉庚创新实验室攻克了锂电池用铝塑膜、燃料电池用柔性碳纸/膜的技术，实现了国产化。

二是产业规模优势逐步突显。宁德已成为全球最大的聚合物锂电池生产基地，2021年1~10月锂电池产业实现产值1100亿元，预计"十四五"期间全产业链产值将达4000亿元；龙头企业宁德时代动力电池出货量连续5年位居全球榜首。同时，宁德初步形成以上汽集团乘用车宁德基地项目为龙头、31家整车上游供应商为配套的新能源汽车产业链条，2021年产量超20万辆。

### （四）氢能产业有望取得突破

氢能作为新能源中较晚发力的一环，近两年已成为市场聚焦点。随着支持氢能产业发展的政策陆续落地，福建省在氢能供给、技术研究方面累积了一定的基础，氢能产业有望取得突破。

一是氢源丰富。福建省氢源供应渠道丰富且稳定。一方面，福建拥有良好的化工基础，可以依托福能集团、中景石化、缘泰石油等企业生产低成本的化工副产氢，其中仅中景石化年副产氢可达8万吨；另一方面，福建风电

---

① 《攻克12000次超长循环寿命！宁德时代新型锂电池储能项目通过验收》，世纪能源网，2021年6月16日，https://www.ne21.com/news/show-162470.html；《宁德时代发布第一代钠离子电池》，宁德时代网站，2021年7月29日，https://www.catl.com/news/994.html。

资源丰富，全省已勘测可开发量达 7000 万千瓦以上，可以利用用电低谷时段的风电开展电解制氢业务。

二是燃料电池技术具有优势。福建省在空压机等核心部件制造方面具备一定技术优势，且具备氢燃料电池发电成套设备制造能力。在核心部件制造方面，雪人股份全资控股了拥有全球领先空压机制造技术的瑞典 Opcon 公司和意大利 Refcomp 公司，参股世界著名叶轮机械专业服务企业美国 CN 公司。同时，与瑞典空压机生产商巨头 SRM 公司建立长期技术合作关系，联合生产出全球知名的"SRM Tec"氢燃料电池空压机。在氢能燃料电池制造方面，雪人股份氢燃料电池系统功率覆盖 30～200 千瓦范围内多个规格，产品性能具备竞争力。2020 年 5 月，雪人股份和厦门金龙联合开发的燃料电池客车进入工信部第 320 批道路机动车辆生产企业及产品目录。此外，福建亚南电机有限公司坚持科技创新，已成为国内为数不多掌握燃料电池全套关键技术的单位之一，先后研发出四代燃料电池备用电源产品，开发的膜电极、电堆、燃料电池系统的性能已达国际先进水平。

三是氢能基础研究有所依托。福建省氢能基础研究活跃，产学研联系紧密，厦门大学、福州大学、中科院海西研究院等多个研究团队致力于氢能的基础理论研究及应用研究。其中，厦门大学参与了美国能源部及雪佛龙公司的多个项目，在制氢与储氢、加氢站建设、燃料电池系统集成等方面具有丰富的工程实践经验；福州大学发挥自身在合成氨及"氨—氢"转化催化技术领域的领先优势，联合北京三聚环保新材料股份有限公司、紫金矿业集团股份有限公司共同建设国内首家"氨—氢"绿色能源产业创新平台；中科院海西研究院结构化学国家重点实验室首次利用固体氧化物电解池实现了将温室气体甲烷/二氧化碳通过电化学重整的方式合成氢气，相关研究成果发表在 *Science* 子刊。福建亚南电机集团、国家电投集团氢能科技发展有限公司、国家电投集团福建分公司签署氢能产业战略合作框架协议，共同打造宁德市氢能产业基地。

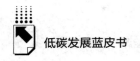

## 三 福建发展好新能源产业的相关建议

### （一）统筹做好顶层设计

一是紧抓"十四五"规划窗口期，围绕碳达峰碳中和战略目标、现代产业体系升级目标，坚持系统性、前瞻性原则，统筹各细分领域发展基础和潜力，按照"试点示范促设施建设、设施建设促推广应用、推广应用促产业发展"的路径，科学制定新能源产业中长期发展纲要，明确发展目标。二是以江苏、河北等新能源产业先进省份为对标对象，有的放矢地借鉴先进经验，尽快出台"福建省新能源产业三年行动计划"，加紧研究制定新能源各细分领域的产业、技术路线图，着力做好保持优势高效"领跑"、补齐短板提速"并跑"两篇文章。

### （二）壮大风电产业

一是以国家海上风电研究与试验检测基地落户福建为契机，以海上风电产业园为平台，攻克大功率海上风电机组制造、漂浮式海上风电、海上施工、远程运维等关键技术，完善海上风电产业体系，打造世界级海上风电开发及装备制造产业集群，形成万亿级产业链。二是充分发挥福建省沿海风能资源富集优势，率先实施深远海千万千瓦级海上风电大基地示范项目建设，拓展"海上风电+"应用场景，探索开展"海上风电+制氢""海上风电+储能"示范项目建设。

### （三）加快突破光伏相关技术

一是支持建设光伏国家工程研究中心，重点突破钙钛矿、异质结高效太阳能电池技术，推动转换效率率先达到30%，加快发展先进光伏材料和应用系统技术，探索研发光伏建筑一体化技术，着力提升光伏原辅料、产品制造技术，提高生产工艺及生产装备部件国产化水平。二是巩固光伏扶贫工程成效，推进"光伏园区""光伏小镇"建设，开展面向"渔光互补"、屋顶光伏等不同应用场景的试点项目建设，以项目需求为动力推进光伏产业发展。

### （四）做优做强储能产业

一是依托宁德时代电化学储能技术国家工程研究中心，开展储能关键技术攻关和产业化研究，聚力攻克吉瓦级及以上高安全性、低成本、长寿命锂离子储能系统技术和百兆瓦级及以上全钒液流电池储能系统技术，推进储能系统集成创新，加紧打造世界级储能产业集群。二是借鉴全国首个大规模独立储能电站——晋江储能电站建设经验，加紧谋划、实施一批技术水平高、带动性强的大型储能电站试点项目，依托试点项目建设促进储能规模化发展和商业化应用。

### （五）蓄力发展氢能产业

一是前瞻性探索氢能绿色制取与规模转存体系建设关键技术，推动燃气管道公司与厦门大学等科研院校合作，加快开展现有天然气管道密封材料、管道焊缝适应性研究，适时推进中低压纯氢与掺氢燃气管道输送及其应用关键技术研究，开展深冷高压储氢运氢技术及装备研究，助力福建省加速布局氢能赛道。二是以建设福州市氢能产业集群为契机，以工业园区和高新区为载体，适度超前规划布局氢能基础设施，加快推进储氢、加氢站建设，试点开展"氢—油—气"综合供能、"制氢—加氢"一体化应用示范项目，推动氢能产业加速发展。

# B.10
# 产品碳足迹发展分析报告

陈津莼　陈思敏　项康利*

**摘　要：** 研究产品碳足迹能够帮助企业制定有效的碳减排方案，有助于推动企业实现绿色转型。评价标准方面，国外起步较早，已有成熟应用的产品碳足迹评价标准；中国已发布产品碳足迹相关行业标准、地方标准和团体标准，但标准中涉及的产品种类有限。评价流程方面，国内外产品碳足迹评价流程基本一致，主要包括确定评价目标、碳足迹核算、分析与改进三大步骤。应用方面，国外产品碳足迹发展较为成熟；国内产品碳足迹还处于试点阶段，总体普及度不高，核算规则与监督监管有待进一步完善。为推动福建省产品碳足迹的发展应用，建议建立健全产品碳足迹标准体系，夯实和完善产品碳足迹评价及监督体系，试点推广产品碳标签应用。

**关键词：** 产品碳足迹　碳足迹评价　碳足迹核算　碳标签

## 一　产品碳足迹定义

碳足迹的概念起源于 1992 年不列颠哥伦比亚大学提出的"生态足迹"

---

\* 陈津莼，工学硕士，国网福建省电力有限公司经济技术研究院，研究方向为综合能源、战略与政策；陈思敏，工学硕士，国网福建省电力有限公司经济技术研究院，研究方向为能源经济、能源战略与政策；项康利，工学硕士，国网福建省电力有限公司经济技术研究院，研究方向为能源经济、能源战略与政策。

理论，最初指能维持一定人口生存和经济社会发展所需要的（或者能够吸纳人类所排放二氧化碳等废物的）具有生物生产力的土地面积，单位为全球性公顷。① 随着气候变化问题的凸显，碳足迹逐渐被认为是从生命周期视角评价温室气体排放量的指标。2006 年，英国议会科学技术办公室②首次提出官方碳足迹定义：碳足迹为产品或活动在全生命周期过程中所排放的二氧化碳或以二氧化碳当量表示的温室气体总量。随后，英国政府委托英国碳信托公司推出碳足迹核证计划，碳信托公司不断完善碳足迹定义、推出碳足迹应用，并在国际上产生了较大影响力。因此，国际上通常采用碳信托公司给出的碳足迹定义：碳足迹是一个人、组织、事件或产品直接和间接造成的温室气体排放总量，以二氧化碳当量来衡量。碳足迹按评价尺度的不同可分为国家、企业、产品和个人四个层面，其中产品碳足迹应用最为广泛。

产品碳足迹是指某个产品或某项服务在全生命周期阶段或部分生命周期阶段直接和间接排放的温室气体总量，用二氧化碳当量表示。产品全生命周期包含产品的原料获取、生产、分销、使用、废弃或回收等阶段。研究产品碳足迹有利于掌握产品生产全环节的温室气体排放量，进而挖掘产品生命周期内的减排潜力，促进产品低碳生产和低碳消费。

## 二　产品碳足迹评价

产品碳足迹评价是基于评价标准对目标产品全生命周期或部分生命周期进行碳排放核算、分析、给出减排方案的过程。目前，国内外均发布了部分产品碳足迹评价标准。

---

① 全球性公顷：global hectare（$ghm^2$），区别于通常的土地面积公顷 $hm^2$（hectare）。1 单位的全球性公顷指的是 1 公顷具有全球平均生物生产力的土地面积，包括耕地、林地、草地、水域等土地类型。

② 英国议会科学技术办公室：Parliamentary Office of Science and Technology（POST），英国议会中负责衔接理论研究与政策法规制定的部门。

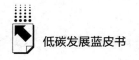

## （一）评价标准

### 1. 国外标准

国外产品碳足迹评价标准发展较为成熟，一般基于生命周期评价法（LCA）制定。目前，国际上应用最广泛的标准见表1。

**表1 国外产品碳足迹评价标准**

| 发布单位 | 标准名称 | 发布情况 |
| --- | --- | --- |
| 国际标准化组织（ISO） | ISO 14040：《环境管理—生命周期评价—原则和框架》 | 发布于2006年 |
| 国际标准化组织 | ISO 14044：《环境管理—生命周期评价—要求和指导》 | 发布于2006年 |
| 英国标准协会（BSI） | PAS 2050：《商品和服务在生命周期内的温室气体排放评价规范》 | 最早发布于2008年并更新于2011年 |
| 日本工业标准委员会（JISC） | TS Q 0010：《产品碳足迹评价与标识的一般原则》 | 最早发布于2009年并更新于2010年 |
| 世界资源研究所（WRI）与世界可持续发展工商理事会（WBCSD） | GHG protocol：《温室气体核算体系：企业核算与报告标准（修订版）》 | 2011年发布正式版 |
| 国际标准化组织 | ISO/TS 14067：《温室气体—产品碳足迹—量化要求和指南》 | 最早发布于2013年并更新于2018年 |

资料来源：刘尊文等编著《产品碳足迹评价研究与实践》，中国质检出版社、中国标准出版社，2017。

2006年，国际标准化组织发布了《环境管理—生命周期评价—原则和框架》（ISO 14040：2006）和《环境管理—生命周期评价—要求和指导》（ISO 14044：2006）两项标准。这两项标准基于生命周期的基本原则，分析了产品生命周期各阶段产生的环境影响，如酸化、碳足迹等，是较早提及碳足迹的标准，为后续产品碳足迹评价标准的制定提供了指导。

2008年，英国标准协会发布了全球第一部产品碳足迹评价标准——《商品和服务在生命周期内的温室气体排放评价规范》（PAS 2050：2008），该标准是针对产品与服务的生命周期温室气体排放制定的规范，也成为后续众多产品碳足迹评价标准制定的重要参考依据。

2009 年，日本工业标准委员会公布了产品碳足迹评估与标识标准——《产品碳足迹评估与标识的一般原则》（TS Q 0010：2009），该标准是推动日本碳足迹计算与标识计划的准则文件。

2011 年，世界资源研究所和世界可持续发展工商理事会联合发布了产品生命周期计算与报告标准的正式版——《温室气体核算体系：企业核算与报告标准（修订版）》，该标准为产品全生命周期和相关供应链的碳排放提供了统一核算方法，企业可以根据核算结果对供应链上最具减排潜力的环节进行重点减排。

2013 年，国际标准化组织发布了技术规范《温室气体—产品碳足迹—量化要求和指南》（ISO/TS 14067：2013），该标准规定了产品碳足迹量化应满足的要求。

2. 国内标准

2011 年，"十二五"规划提出，要研究产品碳足迹计算方法，建立低碳产品标准、标识和认证制度。2015 年起，国务院有关行政主管部门、地方标准化行政主管部门、社会团体等陆续发布了产品碳足迹相关标准，但涉及的行业产品种类有限，主要集中于电子信息类产品。相关行业标准、地方标准、团体标准见表 2。

行业标准方面，工业和信息化部先后发布了关于移动通信手持机、以太网交换机、液晶显示器、液晶电视机 4 类电子信息产品的碳足迹评价标准，这也是目前中国碳足迹评价方面仅有的行业标准。

地方标准方面，仅广东省、上海市和北京市三地发布了碳足迹评价标准。其中，广东省起步最早，于 2015 年发布了移动用户终端、家用电器碳足迹评价标准，于 2017 年发布了巴氏杀菌乳的碳足迹评价标准；上海市于 2018 年发布了适用于制造业的《产品碳足迹核算通则》；北京市于 2021 年发布了《电子信息产品碳足迹核算指南》。

团体标准方面，产品涉及面相对较广，包括小功率电动机、印刷产品、家用洗涤剂等，且主要集中于广东省。2016~2019 年，广东省节能减排标准化促进会陆续发布了《产品碳足迹　小功率电动机基础数据采集技术规范》等6项标准；2021年，广东省佛山市高新技术应用研究会批准发布了《产品碳足迹核算与报告要求　锂离子电池正极材料》等6项标准。

此外，中国正在推动高耗能等行业产品碳足迹评价标准的制定。2021年12月，《工业和信息化部2021年碳达峰碳中和专项行业标准制修订计划》发布，明确推荐钢铁、石化、建材、纺织、电子、通信行业共13类产品制定碳足迹评价规则。

表2　国内产品碳足迹评价标准

| 层级 | 批准发布部门 | 标准名称 | 行业领域 | 发布时间/实施日期 |
|---|---|---|---|---|
| 行业标准 | 工业和信息化部 | 《通信产品碳足迹评估技术要求　第1部分:移动通信手持机》《通信产品碳足迹评估技术要求　第2部分:以太网交换机》 | 通信产品 | 2016年4月 |
| | 工业和信息化部 | 《产品碳足迹　产品种类规则　液晶显示器》《产品碳足迹　产品种类规则　液晶电视机》 | 液晶显示器、液晶电视机 | 2018年4月 |
| 地方标准 | 广东省质量技术监督局 | 《电子电气产品碳足迹评价技术规范　第1部分:移动用户终端》 | 电子电气产品 | 2015年2月 |
| | 广东省质量技术监督局 | 《家用电器碳足迹评价导则》 | 家用电器 | 2015年3月 |
| | 广东省质量技术监督局 | 《产品碳足迹　产品种类规则　巴氏杀菌乳》 | 巴氏杀菌乳 | 2017年1月 |
| | 上海市质量技术监督局 | 《产品碳足迹核算通则》 | — | 2018年2月 |
| | 北京市市场监督管理局 | 《电子信息产品碳足迹核算指南》 | 电子信息产品 | 2021年10月 |
| 团体标准 | 广东省节能减排标准化促进会 | 《产品碳足迹　产品种类规则　巴氏杀菌乳》《产品碳足迹　小功率电动机基础数据采集技术规范》 | 巴氏杀菌乳、小功率电动机 | 2016年7月 |
| | 广东省节能减排标准化促进会 | 《产品碳足迹声明标识》《产品碳足迹　评价技术通则》 | — | 2016年7月 |
| | 中国印刷技术协会 | 《印刷产品碳足迹评价方法》 | 印刷产品 | 2016年12月 |

续表

| 层级 | 批准发布部门 | 标准名称 | 行业领域 | 发布时间/实施日期 |
|---|---|---|---|---|
| 团体标准 | 广东省节能减排标准化促进会 | 《家用洗涤剂产品碳足迹等级和技术要求》 | 家用洗涤剂 | 2018 年 12 月 |
| | | 《产品碳足迹 产品种类规则 合成洗衣粉》 | 合成洗衣粉 | 2019 年 1 月 |
| | | 《碳足迹标识》 | — | 2019 年 4 月 |
| | 佛山市高新技术应用研究会 | 《产品碳足迹核算与报告要求 锂离子电池正极材料》《产品碳足迹核算与报告要求 锂离子电池正极材料前驱体》《产品碳足迹核算与报告要求 硫酸钴》《产品碳足迹核算与报告要求 硫酸镍》《产品碳足迹核算与报告要求 氢氧化锂》《产品碳足迹核算与报告要求 碳酸锂》 | 锂离子电池正极材料、锂离子电池正极材料前驱体、硫酸钴、硫酸镍、氢氧化锂、碳酸锂 | 2021 年 12 月 |

## （二）评价流程

国内外产品碳足迹评价流程基本一致，主要包括三大步骤，即确定评价目标、碳足迹核算、分析与改进（见图1）。

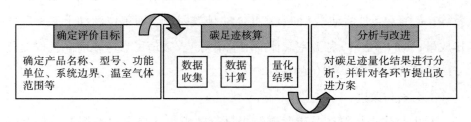

**图 1　产品碳足迹评价流程**

### 1. 确定评价目标

进行产品碳足迹评价需要确定评价目标的产品名称、型号、功能单位、系统边界和温室气体范围等。其中，功能单位即评价对象的衡量单位，须涵盖产品的功能基本单元。系统边界即生命周期阶段，一般采用两种系统边界设定，一种是"从摇篮到坟墓"，包括原料获取、生产、分销、使用、废弃

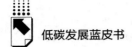

或回收等产品全生命周期阶段；另一种是"从摇篮到大门"，包括原料获取、生产、产品离开公司大门等生命周期阶段。温室气体范围一般包括《京都议定书》要求减排的六类温室气体，即二氧化碳、甲烷、氧化亚氮、氢氟碳化物、全氟化碳和六氟化硫，部分标准还囊括了《蒙特利尔议定书》中管控的温室气体，如氟氯碳化物、氢氟氯碳化物等。

2. 碳足迹核算

进行碳足迹核算首先要收集产品生命周期各阶段的相关数据，然后计算各阶段的碳足迹大小，最后得出生命周期碳排放总量并形成清单。其中，数据收集必须囊括产品生命周期涵盖的所有活动数据，包括初级活动数据（直接测量或基于直接测量计算得到的活动量化值）、次级活动数据（无法直接测量或无法基于直接测量计算得到的活动量化值）、碳排放因子等。数据计算目前主要采用排放因子法：

$$E = \sum_i \sum_j Q_{ij} \times C_{ij} \times GWP_j$$

在上式中，$E$ 是产品碳足迹，单位为二氧化碳当量；$Q_{ij}$ 是第 $i$ 种活动第 $j$ 种温室气体的活动水平，一般指生产活动的能源消费量，如耗电量、耗煤量等；$C_{ij}$ 是第 $i$ 种活动第 $j$ 种温室气体的排放因子，即单位活动下温室气体排放量；$GWP_j$ 是第 $j$ 种温室气体的增温潜势①，数值可参考政府间气候变化专门委员会（IPCC）提供的数据。

3. 分析与改进

分析与改进指对产品碳足迹结果进行分析，并提出生命周期各环节降碳的改进意见。首先，形成碳足迹量化结果清单，比较分析产品各生命周期阶段碳足迹大小；其次，选择重点环节，提出能够有效减少产品生命周期碳足迹的建议，以降低产品的碳排放；最后，形成一份完整的产品碳足迹报告。

---

① 增温潜势：评价某种温室气体对气候变化影响能力的参数。按照惯例，将二氧化碳增温潜势设为1，其他气体与二氧化碳的比值作为该气体的增温潜势。

# 三　产品碳足迹应用

## （一）国外产品碳足迹应用情况

一是国外产品碳足迹以碳标签为主要应用方式。2006 年，英国鼓励企业推广使用碳标签，在产品包装上以标签的形式告知消费者产品的碳足迹信息。2007 年 3 月，英国推出全球第一批标有碳标签的产品，包括薯片、奶昔、洗发水等。自 2008 年开始，德国、法国、瑞典、瑞士、美国、日本、韩国、泰国等国家相继启动碳足迹试点项目，碳标签覆盖范围逐步扩大。截至 2021 年 12 月，国外产品碳标签已经覆盖了 40 多个国家共 3 万多种产品，涵盖了众多行业的知名品牌，如电子行业的戴尔、LG、三星等；服饰行业的李维斯、阿迪达斯、耐克、H&M 等；零售行业的特易购、玛莎百货、宜家、沃尔玛等；汽车行业的极星、起亚等；食品行业的可口可乐、百事可乐、雀巢等。

二是部分国家和地区通过立法推动碳足迹应用。截至 2021 年 11 月，全球已有超过 12 个国家和地区要求企业实行碳标签制度。2008 年，日本内阁会议通过了《构建低碳社会行动计划》，提出开展为期三年的产品碳足迹评估试点项目，主要以农产品为试点，要求摆放在商店的农产品必须通过碳标签告知消费者该农产品生产过程中排放的二氧化碳当量。日本产品碳标签制度执行期间共有 495 项产品通过了产品碳足迹评估。[①] 2010 年，法国国民议会通过强制性法案《新环境法》，规定自 2011 年 7 月起试行为期一年的碳标签制度，要求在法国制造、出售以及使用的产品均须标注碳足迹，由法国环境与能源管理署和法国标准化协会负责执行。2021 年 4 月，法国国民议会通过了对《气候法案》的修改，增加了一项"在产品上添加'碳排放分数'标签"的政策。

---

① 杨楠楠：《日本建立产品碳足迹体系的经验及启示》，《中国人口·资源与环境》2012 年第 S2 期。

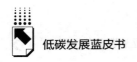

## （二）国内产品碳足迹应用情况

国内已开展产品碳足迹认证工作。2010 年，中国质量认证中心开始研究碳足迹与低碳产品认证的关系。同年 11 月，11 家企业获得中国环境标志的低碳产品认证。2012 年 7 月，由中国质量认证中心和香港环境保护协会共同举办的"中国企业低碳管理与行动论坛"在广州召开，会议期间中国质量认证中心为 30 余家企业颁发产品碳足迹认证证书。截至 2019 年 8 月，中国质量认证中心共完成了 134 种产品的碳足迹认证，[①] 包含建筑材料、电力电缆、化工产品等。

国内碳标签工作正逐步推进。2018 年 11 月，中国电子节能技术协会、中国质量认证中心及国家低碳认证技术委员会在武汉联合举办电器电子产品碳标签国际会议，成立国家低碳认证技术委员会电器电子碳标签工作组，初步确定以电器电子行业为碳标签认证试点。2019 年 6 月，明朔科技的石墨烯散热 LED 模组产品通过中国电子节能技术协会和中国质量认证中心的低碳评价认证，获得中国内地首张产品碳标签评价证书（见图 2）。2022 年，国家认证认可监督管理委员会批复支持粤港澳大湾区开展产品碳足迹标识认证工作，建立区域碳足迹标识协同体系，推行统一的碳足迹标识制度。粤港澳大湾区成为全国首个开展统一产品碳足迹标识认证工作的地区。

总体来看，国内产品碳足迹应用已取得一定成效，但仍处于起步阶段，存在以下不足。

一是产品碳足迹应用普及度不高。国内产品碳足迹认证数量总体上较国外差距明显，不足国外的 1%。国内碳标签起步较国外晚 11 年，截至 2021 年底，国内仅完成 12 类共 29 个产品的碳标签，[②] 普及力度远小于国外。

---

① 中国质量认证中心：《产品碳足迹核查企业及产品名录》，2019。
② 碳标签—低碳产品声明平台网站，https：//www.lowcarboncity.com.cn/Attestation/showPage/tanbiaoqian-bg.html。

**图 2　明朔科技石墨烯散热 LED 模组产品碳标签评价证书**

二是缺乏统一核算规则给产品碳足迹的推广应用带来困难。中国各机构和企业产品碳足迹核算方式不统一，部分企业委托第三方机构对产品碳足迹进行核算；部分企业通过自身开发的产品碳足迹软件进行核算，如联想集团的 PAIA 软件；部分企业采用四川大学与亿科公司联合开发的 efootprint 软件进行核算。各机构和企业核算产品碳足迹采用的排放因子不统一，部分机构和企业采用 IPCC 明确的碳排放因子数据，部分采用中国生命周期基础数据库（CLCD）中的数据。因此，不同机构和企业核算的产品碳足迹结果无法保证可比性和公平性，进而影响产品碳足迹的推广应用。

三是产品碳足迹认证市场监督规则尚未健全。截至 2022 年 3 月，国家认证认可监督管理委员会认可的碳足迹官方认证机构有 79 家，但各机构采用的碳足迹认证规则存在差异，认证规则多达 87 种，认证标志有 31 个。①

① 国家市场监督管理总局全国认证认可信息公共服务平台网站，http：//cx.cnca.cn/CertECloud/rules/skipRulesList？currentPosition＝。

同时，尽管存在官方认证机构，但是市场对认证机构资质的监管尚未健全，部分不具备认证资质的认证机构仍可开展碳足迹认证业务，削弱了碳足迹认证结果的公信力和市场认可度。

### （三）产品碳足迹应用案例

1. 美国苹果公司

美国苹果公司从 2009 年 6 月开始每年对外发布环境责任报告，公布旗下所有电子产品全生命周期碳足迹。苹果公司各类产品碳足迹根据《环境管理—生命周期评价—原则和框架》（ISO 14040）和《环境管理—生命周期评价—要求和指导》（ISO 14044）的规定计算，评价的生命周期为"从摇篮到坟墓"，包括生产、运输、使用、报废处理四个阶段。其中，生产阶段包括原材料获取、生产、运输以及所有零件和产品的制造、运输、组装环节。运输阶段包括成品从工厂到分销中心的空运和海运过程，并于 2015 年起增加了从分销中心到最终客户的运输环节。使用阶段根据不同产品类型确定，一般假设产品首位用户的使用期限为三年或四年，并基于同类产品的历史客户使用数据模拟产品使用场景，例如模拟日常电池消耗或播放电影和音乐等活动。报废处理阶段包括产品收集和回收的运输过程、产品机械分离和零件粉碎的过程。

2019~2021 年苹果公司 iPhone Pro Max 系列产品碳足迹发展对比见表 3，可以看出苹果公司每代智能手机的产品碳足迹均较上一代明显下降。以苹果公司 iPhone13 Pro Max（128G）智能手机为例，该产品全生命周期碳足迹为 74 千克二氧化碳当量，其中生产阶段占 80.0%，运输阶段占 4.1%，使用阶段占 15.0%，报废处理阶段占比不足 1.0%。通过使用由清洁能源生产的铝等措施，该产品碳足迹较上一代 iPhone12 Pro Max 减少 7.5%，其中生产阶段减少 9.8%、使用阶段减少 7.5%。各阶段产品碳足迹对比见图 3。

表 3  苹果 iPhone Pro Max 系列产品碳足迹发展对比

单位：千克二氧化碳当量

| 存储容量大小 | 2019 年 iPhone11 Pro Max | 2020 年 iPhone12 Pro Max | 2021 年 iPhone13 Pro Max |
|---|---|---|---|
| 128G | — | 80 | 74 |
| 256G | 102 | 89 | 81 |
| 512G | 117 | 101 | 93 |
| 1TB | — | — | 117 |

资料来源：苹果公司环境责任报告。

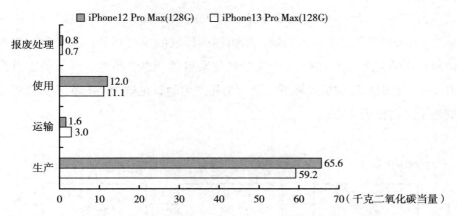

图 3  苹果 iPhone 12/13 Pro Max（128G）生命周期各环节碳足迹

资料来源：苹果公司环境责任报告。

## 2. 河北津西钢铁集团

河北津西钢铁集团股份有限公司基于标准《商品和服务在生命周期内的温室气体排放评价规范》（PAS 2050：2011）和《温室气体—产品碳足迹—量化要求和指南》（ISO/TS 14067：2013），评价其 2020 年度生产每吨粗钢的碳足迹。

该公司产品碳足迹评价对象为 1 吨 3206 型粗钢，因下游客户多而分散、追踪困难，评价的生命周期为"从摇篮到大门"，涵盖了原料生产、原料运输和产品生产三个阶段，具体包括煤炭、石灰石等一次能源开采，电力和柴油等二次能源生产，铁矿开采洗选，公路、铁路和海上等运输过程，以及炼

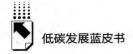

铁、炼钢、压延加工等产品生产环节。

河北津西钢铁集团 1 吨 3206 型粗钢生命周期碳足迹分布见图 4 和表 4，每吨 3206 型粗钢全生命周期碳足迹为 1928.7 千克二氧化碳当量，其中，原料生产、原料运输、产品生产环节占比分别为 5.7%、1.6%、92.7%。具体来看，每吨 3206 型粗钢的原料生产环节碳足迹为 110.0 千克二氧化碳当量，其中获取燃料产生的碳足迹占原料生产环节的比重为 68.0%，获取原材料产生的碳足迹占比为 32.0%；原料运输阶段碳足迹为 30.7 千克二氧化碳当量，其中铁路运输碳排放量占原料运输环节的比重为 3.0%，公路运输碳排放量占比为 73.0%，水上运输碳排放量占比为 24.0%；产品生产环节碳足迹为 1788.0 千克二氧化碳当量，是粗钢碳排放的主要环节，其中化石燃料消耗产生的碳足迹为 1641.4 千克二氧化碳当量，占产品生产环节的比重为 91.8%，是碳减排的重点环节，动力消耗产生的碳足迹为 146.6 千克二氧化碳当量，占比为 8.2%。

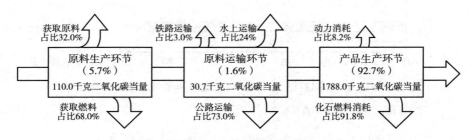

**图 4　河北津西钢铁集团 1 吨 3206 型粗钢生命周期碳足迹分布**

**表 4　河北津西钢铁集团生产 1 吨 3206 型粗钢的碳足迹**

| 序号 | 环节 | 碳足迹（千克二氧化碳当量） | 占比（%） |
|---|---|---|---|
| 1 | 原料生产 | 110.0 | 5.7 |
| 2 | 原料运输 | 30.7 | 1.6 |
| 3 | 产品生产 | 1788.0 | 92.7 |
| | 合计 | 1928.7 | 100.0 |

资料来源：《河北津西钢铁集团股份有限公司 2020 年度产品碳足迹报告》。

河北津西钢铁集团根据粗钢产品碳足迹的核算结果提出了节能降碳方法：一是进一步优化工艺控制技术，持续降低烧结固体燃料消耗和高炉燃料比，降低化石燃料消耗水平；二是采用清洁能源替代化石燃料，适时开展氢能冶炼试验研究；三是减少运输过程中燃料的消耗，在满足质量要求的前提下就近采购，同时调整上游产品运输结构，扩大国内采购中铁路的运输比例。

# 四 相关建议

## （一）建立健全产品碳足迹标准体系

一是夯实产品碳足迹核算的研究基础。借鉴国际产品碳足迹标准，中国现有产品碳足迹行业标准、地方标准和团体标准，明确不同类型产品生命周期阶段划分；结合产品生产实际建立适应福建省的权威碳排放因子数据库，为产品碳足迹评价奠定基础。二是完善产品碳足迹评价标准。优先为全生命周期碳排放量大的产品以及生产活动数据健全的产品，如石化、钢铁、水泥、平板玻璃等高耗能行业产品和计算机电子产品制定碳足迹评价标准。推动工信部门制定福建省产品碳足迹地方标准，鼓励省内社会团体制定产品碳足迹团体标准，并与中国现有行业标准、地方标准、团体标准相协调。

## （二）探索建立产品碳足迹监督机制

一是加强产品碳足迹认证机构资质监管。严厉打击不具备认证资质的从业机构非法开展"漂绿"业务。同时依托政府部门或具有研究基础的第三方单位设立权威的产品碳足迹认证机构，进一步规范产品碳足迹认证流程，颁发产品碳足迹权威证书，确保企业提供的产品碳足迹核算结果合理、可靠。二是培养产品碳足迹核查专业人员。将碳足迹核查专员纳入国家或福建省职业序列，支持高等院校、职业学校等设立碳足迹核算专业课程，探索建立产品碳足迹核查人才实训基地，鼓励产品碳足迹认证机构培育核查专业型人才和高水平团队，建立碳足迹专业人才培养和发展的长效机制。

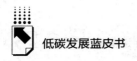

### （三）试点推广产品碳标签

一是鼓励碳足迹认证和碳标签推广。结合企业产品减排需求，选取试点企业开展碳标签认证工作并给予财政支持，优先保障使用碳标签的产品进入市场，在绿色认证方面给予试点企业优先权。二是提升消费者对碳标签的知晓度。鼓励新闻媒体等公众平台积极宣传产品碳足迹应用对经济社会减排的重要作用，营造全社会推广应用碳标签的良好氛围。同时，建立产品碳足迹公示平台，拓宽消费者了解产品碳排放信息的渠道。

**参考文献**

白伟荣、王震、吕佳：《碳足迹核算的国际标准概述与解析》，《生态学报》2014 年第 24 期。

曹孝文等：《产品碳足迹国际标准分析与比较》，《资源节约与环保》2016 年第 9 期。

英国议会科学技术办公室（UK Parliament POST）：*Carbon Footprint of Electricity Generation*，2006。

邱峰：《碳标签制度的国际实践及其对我国探索的启示与借鉴》，《西南金融》2021 第 12 期。

康丹：《企业产品碳足迹核算及碳标签制度设计》，硕士学位论文，西安理工大学，2018。

熊筱伟：《四川碳足迹认证与应用调研报告》，《四川日报》2021 年 12 月 20 日，第 9 版。

# B.11

# 国内外甲烷减排情况分析报告

林晓凡　项康利*

**摘　要：** 为达成巴黎协定全球温升控制目标，21世纪以来，多个国家和地区开始关注甲烷这类强势温室气体，并做出多项甲烷减排承诺。排放方面，甲烷排放量约占温室气体排放量的10%，包括自然排放和人为排放，占比分别约为40%和60%。其中，农业、化石能源行业和废弃物处理行业是人为甲烷排放的主要来源，三者合计占人为甲烷排放总量的95%左右。减排举措方面，欧美等国家和地区主要通过制定减排目标、完善减排相关制度、应用减排技术等手段推动甲烷减排，中国于2021年开始从国家层面重点关注甲烷减排。总体上，甲烷减排已经成为应对气候变化的重要举措，2021年《联合国气候变化框架公约》第26次缔约方大会上，全球105个国家共同签署了"全球甲烷承诺"协定，提出2030年全球甲烷排放量要在2020年的基础上减少30%以上的目标。下一步，福建省需要加快制定甲烷减排目标和行动方案，建立健全甲烷排放监测、报告和核查制度，全面提升甲烷减排技术创新能力。

**关键词：** 甲烷减排　农业　化石能源行业　废弃物处理行业

---

* 林晓凡，工学硕士，国网福建省电力有限公司经济技术研究院，研究方向为能源经济、能源战略与政策、电力市场；项康利，工学硕士，国网福建省电力有限公司经济技术研究院，研究方向为能源经济、能源战略与政策。

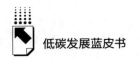
# 一 甲烷与气候变化

甲烷（$CH_4$）是一种具有快速增温效应的短寿命强势温室气体。甲烷在大气中的寿命[①]一般为12年，但是其吸收热红外辐射的效率较高，20年尺度下全球增温潜势[②]约为二氧化碳的84倍，100年尺度下约为二氧化碳的28倍，对全球变暖的贡献率达到了25%。[③] 政府间气候变化专门委员会（IPCC）发布的特别报告和联合国环境署的研究表明：二氧化碳会在大气中停留数百年，即使二氧化碳的净排放量得到迅速且大幅度的削减，到21世纪后期才可能看到减排对全球气温控制的影响；但是，如果未来10年人类活动造成的甲烷排放减少45%以上，2045年将避免全球温升近0.3℃，因此甲烷等短寿命强势温室气体的深度减排是把全球平均气温较工业化前水平升高控制在1.5℃以内的必要条件。[④]

# 二 国际甲烷排放现状与减排举措

## （一）全球甲烷排放情况

### 1. 全球甲烷排放现状与历史情况

从现状看，总量上，2020年全球甲烷排放量约3.76亿吨，占全球温室气体排放总量的16%[⑤]，甲烷是第二大温室气体；大气中的甲烷浓度为1879.1ppb[⑥]，

---

① 某种气体在大气中的寿命一般指气体进入大气后到转化为其他物质之前在大气中停留的平均时间。

② 全球增温潜势：评价某种温室气体对气候变化影响能力的参数，通常以20年、100年、500年来衡量。按照惯例，在20年、100年、500年时间尺度下将二氧化碳全球增温潜势设为1，其他气体与二氧化碳的比值作为该气体的全球增温潜势。

③ 汪维等：《甲烷的温室效应及排放、控制》，《城市燃气》2020年第4期。

④ *Climate Change 2013：The Physical Science Basis*，https://www.ipcc.ch/languages-2/chinese/publications-chinese/.

⑤ 本报告中甲烷排放量为绝对量，甲烷占温室气体排放总量的比重指将甲烷换算为二氧化碳当量后的占比。

⑥ ppb为体积浓度单位，$1ppb = 10^{-9} = $十亿分之一。

已达到工业化前水平的 2.5 倍。结构上，全球甲烷排放量中，湿地和白蚁等自然排放占比约为 40%，人为排放占比约为 60%。人为排放的甲烷主要集中在农业、化石能源行业、废弃物处理行业①，分别占人为排放的 40%、35%、20%（见图 1）。农业中牲畜排泄物和肠道发酵反应排放的甲烷占比为 32%，水稻种植排放的甲烷占比为 8%；化石能源行业中石油和天然气生产排放的甲烷占比为 23%，煤炭生产排放的甲烷占比为 12%。②

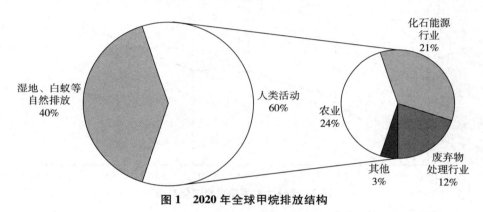

**图 1　2020 年全球甲烷排放结构**

从历史情况看，1984 年以来，全球大气中的甲烷浓度发生了巨大变化，主要经历了四个阶段（见图 2）。1984~1990 年，工业生产活动频繁，带动化石能源等行业的甲烷排放量急剧增加，大气甲烷浓度大幅增长，年均增速为 0.69%；截至 1990 年，全球甲烷浓度达到了 1714.42ppb，较 1984 年累计提高了 69.74ppb。1991~2000 年，苏联解体导致全球经济衰退，工业和农业生产活动趋缓，甲烷浓度增长放缓，其间年均增速为 0.34%；截至 2000 年，全球甲烷浓度达到了 1773.40ppb。2001~2005 年，全球多个国家陆续开展甲烷减排行动并取得显著成效，大气甲烷浓度基本保持不变，其间年均增速仅为 0.20%；截至 2005 年，全球甲烷浓度为 1774.14ppb。2006~2020

① 本报告提及的化石能源行业指煤炭开采行业、石油和天然气行业，废弃物处理行业指城市固体废弃物处理行业和污水处理行业。
② 联合国环境规划署：*Global Methane Assessment*，2021。

143

年，页岩气开采技术取得重大突破，美国和欧盟等国家和地区加大页岩气开采力度，与此同时，中国和印度等煤炭资源丰富的发展中国家加大煤炭开采力度，造成化石能源行业甲烷排放量剧增，大气中的甲烷含量再次迅速增加，其间年均增速达 0.83%，为增速最快的阶段；截至 2020 年，全球甲烷浓度达 1879.10ppb。[①]

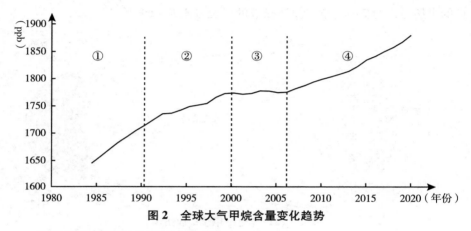

图 2　全球大气甲烷含量变化趋势

资料来源：美国国家海洋和大气管理局。

### 2. 全球甲烷减排协定

2021 年 11 月，在《联合国气候变化框架公约》第 26 次缔约方大会上，美国、欧盟联合发起了"全球甲烷承诺"协定，加拿大、英国、日本、新西兰等 105 个国家签署该协定，这些国家经济总量占全球经济总量的 70%。该协定提出 2030 年全球甲烷排放量要在 2020 年的基础上减少 30%以上的目标，预计 2050 年可使全球温升下降 0.2℃以上。

### （二）欧盟甲烷排放情况

### 1. 欧盟甲烷排放现状

从总量来看，2018 年欧盟甲烷排放量为 1578 万吨，占欧盟温室气体排

---

① Earth System Research Laboratories Global Monitoring Laboratory, "Trends in Atmospheric Methane," January 28, 2022, https://gml.noaa.gov/ccgg/trends_ch4.

放总量的 10.1%，较 1990 年下降 33.8%，甲烷减排成效显著。从结构来看，欧盟农业、化石能源、废弃物处理三大行业排放的甲烷分别占人类活动排放甲烷总量的 53%、19%、26%。其中，化石能源行业的甲烷排放量较 1990 年下降约 50%，是甲烷减排效果最显著的行业，废弃物处理行业和农业甲烷排放量分别下降约 33% 和 20%。[①]

**2. 欧盟甲烷减排主要举措**

一是明确甲烷减排目标和行动。2002 年 4 月，欧盟及其成员国正式签署了《京都议定书》的相关文件，提出了 2012 年包括甲烷在内的 6 种温室气体排放量要比 1990 年下降 8% 的目标，并出台了一系列甲烷减排行动计划。2007 年 3 月，欧盟进一步提出了 2020 年包括甲烷在内的温室气体排放量要比 1990 年减少 20% 的目标，并推出气候和能源"一揽子计划"。2020 年 10 月，欧盟发布《欧盟甲烷减排战略》，明确提出 2030 年甲烷排放量要比 2005 年下降 36% 左右的目标，同时针对农业、化石能源、废弃物处理三大行业制定了具体行动计划。

二是建立甲烷排放管理机制和标准体系。欧盟积极推动建立甲烷监测、报告、核查（MRV）标准及配套体系。监测方面，与联合国环境署共同建设独立的国际甲烷排放观测平台，依托欧洲"哥白尼卫星计划"，通过卫星实时监测全球甲烷排放情况并及时指导各国开展甲烷泄漏监测和修复工作。报告方面，建立了自下而上的企业甲烷排放报告制度，要求欧盟企业使用 IPCC 编制的方法进行甲烷排放监测和报告，并定期公布企业甲烷排放数据。核查方面，国际甲烷观测平台基于科学研究、地面观测、卫星监测等数据，对自下而上报告的企业甲烷排放数据进行核查和校验。

三是提出重点领域甲烷减排措施。针对农业，1984 年欧盟建立了牛奶生产配额制度，有效限制了畜牧业的无序扩张，间接降低了甲烷排放量。2000 年以来，欧盟通过电价补贴、纳入碳交易体系等方式大力支持沼气发

---

① 《国内外甲烷排放控制行动与趋势》，美国环保协会网站，2021 年 3 月 28 日，http://www.cet.net.cn/html/zl/bg/2021/0328/530.html。

电，2015年底欧盟沼气发电装机容量已达104万千瓦，占全球沼气发电装机容量的69.3%。[①] 2013年欧盟颁布了秸秆燃烧禁令，解决了秸秆燃烧产生甲烷排放的问题。2022年，欧盟将推出数字化碳导航系统，为农场主提供可视化的甲烷排放状况监测平台。针对化石能源行业，欧盟对石油、天然气及煤炭行业的整个供应链实行强制性的监测、报告和核查制度，并通过立法要求企业建立常态化甲烷泄漏检测修复机制，禁止油气、煤炭行业全产业链的放空和火炬燃烧行为。针对废弃物处理行业，欧盟主要通过改善废弃物处理方式来减少甲烷排放。1999年欧盟发布了《垃圾填埋场指令》，提出2016年可生物降解垃圾处理量较1995年减少65%的目标。2010年以来，德国、荷兰等欧盟成员国陆续全面禁止可生物降解垃圾进入垃圾填埋场。2020年，欧盟进一步提出2024年实现可生物降解垃圾全部分类收集的目标，通过填埋方式处理的垃圾比例要从2018年的24%下降到2035年的10%以下，并尽可能利用和中和垃圾填埋场产生的甲烷。

### （三）美国甲烷排放情况

#### 1. 美国甲烷排放现状

从总量来看，2019年美国甲烷排放量为2640万吨，占全国温室气体排放总量的10%，较1990年下降了15.4%。但2016年以来，美国天然气开发力度进一步加大，农业和废弃物处理行业生产活动频繁，2016~2019年各行业甲烷排放量均出现了反弹，增长了4%~7%。从结构来看，美国化石能源行业、农业、废弃物处理行业甲烷排放量分别占人为排放的39.7%、38.1%、20.1%。[②]

#### 2. 美国甲烷减排主要举措

一是明确提出甲烷减排目标。与欧盟相比，美国甲烷减排目标更加明确。2015年美国与加拿大共同发布了《减少甲烷排放的联合声明》，提出2025年油气行业甲烷排放量要在2012年基础上减少40%~45%的目标。

---

[①] 胡涛、赵源坤：《欧盟沼气利用的经验及对中国的启示》，《世界环境》2021年第4期。

[②] EPA, "Greenhouse Gas Inventory Data Explorer," https://cfpub.epa.gov/ghgdata/inventoryexplorer/index.html#allsectors/allsectors/allgas/gas/all.

2021 年 11 月，美国发布了《甲烷减排行动计划》，明确了农业、化石能源行业和废弃物处理行业的具体减排路径。

二是通过制定政策法规推进甲烷减排。美国将甲烷减排工作纳入相关政策法规（见表 1），主要分为两大类：一类规定了各类主体在甲烷减排中承担的责任，如《综合环境反应、赔偿和责任法案》规定甲烷排放设施所有者须承担因甲烷排放造成的环境污染治理、修复等费用，《清洁空气法》规定政府至少每两年提交一次天然气开采过程的甲烷排放报告；另一类规定了甲烷的统计、排放等标准，如《全国有害空气污染物国家排放标准》规定了页岩气生产过程的甲烷排放标准，《能源独立和安全法案》规定了甲烷排放的统计标准。

**表 1　美国甲烷减排相关政策法规**

| 年份 | 政策法规 | 甲烷减排相关内容 |
| --- | --- | --- |
| 2002 | 《综合环境反应、赔偿和责任法案》 | 甲烷排放设施所有者须承担因甲烷排放造成的环境污染治理、修复等费用 |
| 2002 | 《资源保护和回收法》 | 垃圾填埋场要监控甲烷排放 |
| 2004 | 《清洁空气法》 | 政府至少每两年提交一次天然气开采过程中的甲烷排放情况和减排措施的经济性分析报告 |
| 2005 | 《能源政策法案》 | 能源主管部门应开展提高煤制气生产过程中甲烷回收率的研究 |
| 2007 | 《能源独立和安全法案》 | 将甲烷列入大气污染物统计披露对象 |
| 2008 | 《综合拨款法案》 | 为甲烷减排工作提供监管资金，生产单位应定期向政府报告甲烷超额排放情况 |
| 2009 | 《美国清洁能源与安全法案》 | 企业按季度向环保主管部门提交甲烷排放数据 |
| 2012 | 《全国有害空气污染物国家排放标准》 | 首次针对压裂页岩气井的生产过程制定甲烷排放强制性标准 |

资料来源：徐博等著《美国页岩气开发甲烷排放控制措施及对我国的启示》，《生态经济》2016 年第 2 期。

三是多措并举推动减排技术创新。针对化石能源行业，2002 年美国推出了"天然气之星"推广计划并持续至今，该计划鼓励油气行业采用高效、低成本技术，并编制化石能源行业甲烷减排十大技术清单（见表 2）。根据美国国家环境保护局统计，天然气行业中约 42% 的甲烷排放来自完井、修井和低压气井修理工作；石油行业中约 50% 的甲烷排放来自连接器、阀门和油泵泄漏，若综合使用甲烷减排十大技术，美国油气行业甲烷排放有望减少 80% 以上。农业领域，1994 年美国推出了"农业之星"系列计划并持续至今，重点围绕沼气推广农业甲烷减排技术，如沼气发电技术、沼气甲烷回收技术等，并为减排主体提供项目咨询、技术支持等服务。

表 2　美国化石能源行业甲烷减排十大技术

| 技术名称 | 甲烷捕获量 | 减排原理 |
|---|---|---|
| 绿色完井技术 | 1.98 万～65.10 万米³/井 | 绿色完井技术可以在气井钻探、修复或进行水力压裂以提高产量的过程中捕获从气井流出的液体及气体，通过使用运到气井现场的临时处理设备，液体和气体能够被导入用于气液分离的罐体，从而可以将气体和凝析油分别出售 |
| 活塞气举系统 | 1.70 万～51.65 万米³/年 | 液体在井眼内集聚，老旧气井无法产生气体流动；当作业人员打开气井清理液体以恢复气体流动时，甲烷排放就会随之发生。活塞气举系统在清除液体以保持气体流动的同时又不会造成甲烷排放 |
| 三甘醇脱水排放控制技术 | 10.19 万～99.05 万米³/年 | 三甘醇脱水系统通常被用于去除天然气中的水分，此过程会造成甲烷泄漏，通过对系统进行改装，添加排放控制设备以最大程度降低甲烷排放 |
| 干燥剂脱水系统 | 2.83 万米³/年 | 为了在不排放甲烷的前提下去除天然气中的水分，可以使用干燥剂脱水系统将气体导入一个干燥剂床，即使在更换干燥剂时也仅有极少量甲烷被释放 |
| 干燥密封系统 | 50.94 万～283.00 万米³/年 | 干燥密封系统可以在使用离心式压缩机运输气体的同时降低气体排放 |
| 改进版压缩机维护技术 | 2.41 万米³/（年·套） | 改进版压缩机维护项目的一个环节，更换破损的推杆密封环以防止甲烷泄漏 |
| 低渗出或无渗出气动调节器 | 低渗出：3538～8490 米³/年　无渗出：15.28 万～56.60 万米³/年 | 气动调节器可能造成在正常作业过程中甲烷被释放到大气中，通过将其替换为低渗出或无渗出调节器，并改装添加降低渗出的设备，或将基于气体的气动装置改为基于空气的气动装置，甲烷排放量能够得到有效降低 |
| 管道维护及维修技术 | 个体差异大，但捕获量高 | 当维修或更换一条管道，或切开管道来安装新的接点时，甲烷通常会被释放到大气中。在处于作业状态的管道系统上接入一条新管线，通过压缩机来去除气体，或对管线减压将气体导入附近的低压燃料系统，甲烷排放量能够得到有效降低 |

| 技术名称 | 甲烷捕获量 | 减排原理 |
|---|---|---|
| 蒸汽回收装置 | 14.15万~257.53万米$^3$/年 | 混入了天然气或凝析油的原油有时被存放在油罐里面。在液体搅动、运输、掺混,甚至处于静态时,甲烷都有可能发生泄漏。蒸汽回收装置最多可以捕获95%的甲烷气体 |
| 泄漏监控和维修技术 | 84.90万~246.21万米$^3$/年 | 甲烷泄漏可能发生在油气设施的很多位置,这些泄漏称为逸散性排放,定期对甲烷泄漏情况进行监控和维修可以在很大程度上减少逸散性排放 |

资料来源:美国自然资源保护委员会。

# 三 中国甲烷排放现状与减排政策

## (一)中国甲烷排放现状

从历史情况看,1994年中国甲烷排放量为3428.7万吨,占全国温室气体排放总量的19.7%;2005年甲烷排放为4970.0万吨,占全国温室气体排放总量的14.4%,1995~2005年年均增速为3.4%;2014年甲烷排放量为5529.0万吨,占全国温室气体排放总量的10.4%,2006~2014年年均增速为1.2%(见图3)。总体上,中国甲烷排放量仍在持续增长,但排放量增速呈现下降趋势。

从结构来看,2014年化石能源行业是中国甲烷排放的第一大来源,占排放总量的45%。其中,煤矿开采过程缺少甲烷回收利用装置,大部分甲烷被排入大气,导致煤炭行业每年甲烷排放量超过1000万吨,占甲烷排放总量的38%,是主要排放来源;油气行业的甲烷排放量约占甲烷排放总量的2%,煤油气等燃料燃烧排放的甲烷占排放总量的5%。农业甲烷排放占排放总量的40%,其中动物肠道发酵的甲烷排放量占甲烷排放总量的18%,水稻种植占16%,动物粪便管理占6%。废弃物处理行业甲烷排放量占甲烷排放总量的12%(见图4)。

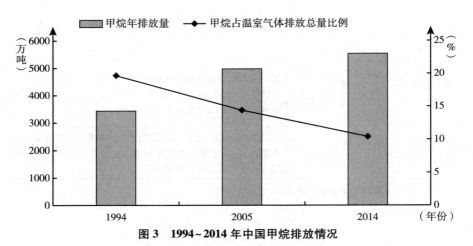

**图3　1994~2014年中国甲烷排放情况**

资料来源：《中华人民共和国气候变化第二次两年更新报告》，中华人民共和国生态环境部网站，2019年7月1日，https：//www.mee.gov.cn/ywgz/ydqhbh/wsqtkz/201907/P02019070
1765971866571.pdf。

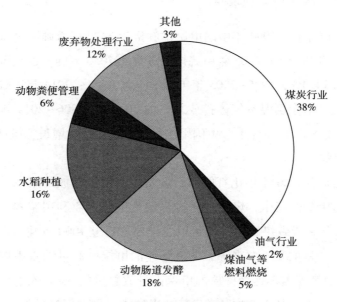

**图4　2014年中国甲烷排放结构**

资料来源：《中华人民共和国气候变化第二次两年更新报告》，中华人民共和国生态环境部网站，2019年7月1日，https：//www.mee.gov.cn/ywgz/ydqhbh/wsqtkz/201907/P02019070176
5971866571.pdf。

## （二）中国甲烷减排主要举措

中国甲烷减排早有探索，2005 年中国正式开始进行甲烷排放管控，并逐步拓展到各重点行业（见表 3）。针对化石能源行业，中国于 2005 年率先在煤炭行业出台了一系列甲烷减排技术标准和规范性文件，是中国甲烷减排工作最早涉及的领域，2012 年后又进一步将石油、天然气等行业纳入甲烷排放管控体系。针对农业和废弃物处理行业，农业部于 2007 年发布了《全国农村沼气工程建设规划》，正式开启了全国沼气建设工程，截至 2016 年底，全国户用沼气已达 4160 万户，养殖场等大中型沼气工程达 11.3 万处，年生产沼气约 145 亿立方米，甲烷减排成效明显；[①] 2011 年《"十二五"控制温室气体排放工作方案》提出，要努力控制农业温室气体排放，加强畜牧业和城市废弃物的处理及综合利用，控制甲烷等温室气体排放；2016 年，《"十三五"控制温室气体排放工作方案》进一步提出，要控制农田和畜禽甲烷排放，开展垃圾填埋场、污水处理厂甲烷收集利用及处理工作。

表 3　中国甲烷减排相关政策

| 年份 | 政策 | 甲烷减排相关内容 |
|---|---|---|
| 2005 | 《国务院关于促进煤炭工业健康发展的若干意见》 | 鼓励煤层气抽采利用，变害为利，促进煤层气产业化发展 |
| 2007 | 《全国农村沼气工程建设规划》 | 规划 2006~2010 年，新增农村户用沼气 2300 万户，在规模化养殖场中新建大中型沼气工程 4000 处 |
| 2008 | 《煤层气（煤矿瓦斯）排放标准（暂行）》 | 禁止甲烷浓度超过 30% 的煤层气直接排放 |
| 2012 | 《天然气发展"十二五"规划》 | 加强油田伴生气回收利用 |
| 2012 | 《石油天然气开采业污染防治技术政策》 | 加强甲烷及挥发性有机物的泄漏检测 |

① 曾锦等：《甲烷转换因子在沼气项目碳减排过程中的应用研究》，《东北农业科学》2021 年。

| 年份 | 政策 | 甲烷减排相关内容 |
|------|------|----------------|
| 2016 | 《"十三五"控制温室气体排放工作方案》 | 甲烷等非二氧化碳温室气体控排力度进一步加大,加强放空天然气和油田伴生气回收利用 |
| 2020 | 《挥发性有机物治理实用手册》《重点行业企业挥发性有机物现场检查指南》 | 治理范围覆盖油气行业储运、加工处理、售卖环节的挥发性有机物排放(含甲烷) |
| 2021 | 《中国本世纪中叶长期温室气体低排放发展战略》 | 重点通过合理控制煤炭产能、提高瓦斯抽采利用率、控制石化行业挥发性有机物排放、鼓励采用绿色完井技术、推广伴生气回收技术等举措,有效控制煤炭、油气行业甲烷排放 |

资料来源:根据网络资料整理。

2021年是中国甲烷减排元年,国家与省级层面均在战略规划中提及甲烷减排。国家层面,2021年10月,中国向联合国提交了《中国落实国家自主贡献成效和新目标新举措》,提出要加大甲烷控排力度,有效控制煤炭、油气行业甲烷排放。2021年3月,中国发布的《中华人民共和国国民经济和社会发展第十四个五年规划和2035年远景目标纲要》强调,要加大甲烷等其他温室气体控制力度;2021年10月,中共中央、国务院发布的《关于完整准确全面贯彻新发展理念 做好碳达峰、碳中和工作的意见》再次强调,要加强甲烷等非二氧化碳温室气体管控;2021年11月,中美联合发布的《中美关于在21世纪20年代强化气候行动的格拉斯哥联合宣言》特别指出,两国将加强甲烷减排领域的合作,中国将制定一份全面、有力度的甲烷国家行动计划,争取在21世纪20年代取得控制和减少甲烷排放的显著效果。省级层面,多个省份在"十四五"生态环境保护规划文件中提及了甲烷减排,如《福建省"十四五"生态环境保护专项规划》提出要控制农田和畜禽养殖甲烷排放,加强污水处理厂和垃圾填埋场甲烷排放控制和回收利用;《广东省生态环境保护"十四五"规划》提出要开展煤层气甲烷、油气系统甲烷控制工作;《浙江省生态环境保护"十四五"规划》提出要构建重点区域、重点行业甲烷监测体系,提升甲烷排放量核算、分析能力。

## 四 推动甲烷减排的相关建议

### （一）统筹制定甲烷减排目标与行动方案

明确的目标和行动方案能够有效指导和推进甲烷减排工作，应统筹碳达峰碳中和发展目标，兼顾生态、安全和发展问题，制定明确可行的中长期甲烷减排目标和行动方案，特别要针对农业、化石能源行业、废弃物处理行业等重点排放行业制定甲烷减排目标，提出有针对性的行动计划和减排路径。同时，结合福建实际适时选择漳州、南平等农业发达地区开展甲烷减排试点示范，选择三明、龙岩等地的煤矿开展煤层气回收利用试点示范，选择福州、厦门等沿海发达城市的废弃物处理行业开展甲烷回收和处理应用试点示范，为甲烷减排工作积累前期经验。

### （二）建立健全甲烷排放监测、报告和核查制度

高效可靠的甲烷排放监测、报告和核查制度是推进甲烷减排工作的基础，为此应从甲烷排放重点行业入手，制定排放监测、报告和核查的标准体系与运行机制。监测方面，要充分开展实地调研和测算，构建和完善适用于福建省甲烷排放的清单编制方法及排放因子，形成独立、可靠的实地监测机制，搭建甲烷减排监测平台，加强甲烷监测与泄漏修复工作的应用。报告方面，要重点围绕化石能源行业建立自下而上的企业甲烷排放报告制度，并定期向社会公布甲烷排放数据。核查方面，要运用信息化手段，建立数据完整、准确度高的清单数据库和综合分析平台，推动各层级甲烷清单数据交叉验证。

### （三）大力支持甲烷减排技术研发与应用

高效、经济的甲烷减排技术是实现甲烷减排的关键，因此需要大力提升甲烷减排技术的创新研究与应用能力。技术创新方面，要构建政产学研用的

联合攻关机制，将甲烷减排技术纳入技术创新激励体系，同时加强国际交流合作，引入甲烷减排新技术，多措并举提升甲烷减排技术水平。技术应用方面，建议定期编制和更新重点行业甲烷减排技术目录，围绕农业、化石能源行业、废弃物处理行业等重点行业优先开展甲烷减排技术试点示范，形成"成熟一批、应用一批"的推广应用机制。

**参考文献**

张建宇、秦虎、汪维：《中国开展甲烷排放控制关键问题与建议》，《环境与可持续发展》2019 年第 5 期。

王颖凡等：《美国油气行业甲烷减排立法及技术》，《煤气与热力》2020 年第 11 期。

鲁易等：《大气甲烷浓度变化的源汇因素模拟研究进展》，《地球科学进展》2015 年第 7 期。

董文娟等：《欧盟甲烷减排战略对我国碳中和的启示》，《环境与可持续发展》2021 年第 2 期。

联合国环境署：*Global Methane Assessment*，2021。

中国科学院兰州文献情报中心、中国科学院资源环境科学信息中心：《科学研究动态监测快报》2016 年第 23 期。

# B.12
# 福建省绿色低碳循环经济发展报告

蔡期塬　陈晗*

**摘　要：** 建立健全绿色低碳循环发展经济体系是构建高质量现代化经济体系的必然要求。目前，福建省产业结构实现由"二三一"向"三二一"的转变，绿色生产技术创新处于全国领先水平，低碳发展重点行业表现突出，资源循环利用加速推进。但福建省仍面临产业转型遭遇阵痛期、资源循环利用水平不高、绿色基础设施支撑能力不足、绿色技术积累较少、绿色消费模式尚未形成、政策赋能作用不明显等制约因素。起步较早的省市已在产业升级、资源利用、基础设施建设、技术创新、绿色生活方式、保障机制等方面积累了经验做法，对福建省加快发展绿色低碳循环经济具有借鉴意义。

**关键词：** 绿色低碳循环　经济体系　绿色经济

## 一　福建省发展绿色低碳循环经济现状及制约因素

### （一）基本现状

经济发展方面，产业结构实现由"二三一"向"三二一"的转变。福建省三次产业占比由 2012 年的 9.0%、52.2%、38.8%优化为 2021 年的

---

* 蔡期塬，工学硕士，国网福建省电力有限公司经济技术研究院，研究方向为能源战略与政策、改革发展；陈晗，工程管理硕士，国网福建省电力有限公司经济技术研究院，研究方向为工程管理、能源经济。

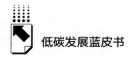

5.9%、46.8%、47.3%。① 2021年，高技术制造业增加值占规模以上工业增加值的比重达15.3%；宁德时代动力电池出货量居全球第一；龙岩环保装备产业集群产值达到百亿元规模，是全国规模最大的环保产业基地之一。②

绿色发展方面，绿色生产技术创新处于全国领先水平。以龙净环保、龙马环卫为龙头的大气污染治理环保装备和环卫装备制造产业初现雏形，除尘、干法脱硫、环卫装备等方面的生产技术均处于国内领先水平。截至2021年底，全省绿色产业贷款余额为4110.3亿元，同比增长40.6%。③

低碳发展方面，重点领域和行业表现突出。截至2020年，全省车桩比约2∶1，优于全国平均水平。④ 截至2021年底，全省在运核电机组容量986万千瓦，居全国第二，核电占比全国第一;⑤ 新能源汽车零售额增长95.6%，增速位于限额以上商品零售前列;⑥ 全国首个省级碳市场综合服务平台——福建省碳市场综合服务平台正式上线运行；林业碳汇成交量和成交额分别达343万吨、5032万元，居全国前列。⑦

循环发展方面，资源循环利用加速推进。厦门市和福州市在全国46个重点城市生活垃圾分类工作中排名靠前。⑧ 漳州金峰经济开发区入选国家工业资源综合利用基地名单，废钢铁等大宗固体废弃物的年回收再利用量达1200

---

① 《2021年福建省国民经济和社会发展统计公报》，福建省统计局网站，2022年3月14日，https://tjj.fujian.gov.cn/xxgk/tjgb/202203/t20220308_5854870.htm。
② 《福建：矢志不移走绿色发展新路》，"佚名"搜狐号，2018年6月25日，https://www.sohu.com/a/237585680_411853。
③ 《我省金融支持实体经济能力显著提升》，福建省人民政府网站，2022年1月27日，https://www.fujian.gov.cn/xwdt/fjyw/202201/t20220127_5826628.htm。
④ 《"超级充电"时代开启！"电动福建"加速布局"下半场"》，东南网，2021年6月2日，http://fjnews.fjsen.com/2021-06/02/content_30744386.htm。
⑤ 电力数据来自国网福建省电力有限公司。
⑥ 《2021年全省社会消费品零售总额首度突破2万亿大关》，《福建日报》（电子版），2022年2月16日，https://fjrb.fjdaily.com/pc/con/202202/16/content_157872.html。
⑦ 《"双碳"引路，生态福建绿意浓》，《福建日报》（电子版），2021年12月19日，https://fjrb.fjdaily.com/pc/con/202112/19/content_142787.html。
⑧ 《2021年第四季度评估结果公布　厦门垃圾分类工作蝉联全国第一》，"新华社客户端"百家号，2022年4月18日，https://baijiahao.baidu.com/s?id=1730416786906931205&wfr=spider&for=pc。

万吨以上。南平市光泽县成为国家"无废城市"建设中唯一的试点县，2020年固体废弃物综合利用率高达95%。[①]

## （二）制约因素

### 1. 产业转型遭遇阵痛期

一是产业结构低碳化还需提速。现阶段福建省面临经济增长与能耗控制的矛盾，"十三五"期间单位 GDP 能耗累计下降16.9%，年降低率由2016年的6.4%大幅减少到2020年的0.73%；[②] 2021年上半年位列9个能耗强度不降反升的省（区）之一。二是环保等产业集中度低。2020年福建省环保企业百强榜中，仅龙净环保产值破百亿元，其余均低于20亿元，超5亿元的仅12家，[③] 行业整体以小微企业为主，迫切需要提升产业集中度。三是光伏产业发展滞后。光伏产业整体规模还较小，缺乏大型龙头企业，产业聚集和辐射作用不明显，产业所需的配套零部件难以实现本地配套。

### 2. 资源循环利用水平不高

一是生活垃圾和大宗固体垃圾资源化利用不足。福建省"十三五"期间生活垃圾清运量增速高于江浙等地，焚烧是生活垃圾资源化的主要方式，但截至2020年9月，三明、龙岩等地的垃圾焚烧率均不足30%。[④] 福建省企业在大宗固废综合利用领域的市场竞争力不强，未有企业进入2021年大宗固体废弃物综合利用骨干企业名单（60家）。二是综合能源服务未形成成

---

① 《"无废城市"试点县光泽：突出循环利用，打造全域无废新路径》，"东南网"百家号，2021年7月29日，https://baijiahao.baidu.com/s? id = 1706627457988178689&wfr = spider&for=pc。

② 《福建省国民经济和社会发展第十四个五年规划和二〇三五年远景目标纲要》，福建省人民政府网站，2021年3月19日，https://www.fujian.gov.cn/zwgk/ztzl/tjzfznzb/zcwj/fj/202103/P020210319672291272649.pdf。

③ 《2020年度福建省环保产业百强排行榜：福州上榜企业最多》，产业信息网，2021年8月9日，https://www.chyxx.com/top/202108/967454.html。

④ 《福建省发展和改革委员会 福建省住房和城乡建设厅 福建省自然资源厅关于印发〈福建省生活垃圾焚烧发电中长期专项规划（2019—2030年）〉的通知》，福建省发展和改革委员会网站，2020年9月17日，http://fgw.fj.gov.cn/zfxxgkzl/zfxxgkml/ghjh/202009/t20200917_5387747.htm。

熟的商业模式。综合能源服务仍以传统的供热制冷及新能源开发等领域为主，对降低企业成本效果不明显；绿色能源智慧小镇等新兴综合能源服务项目经济性不佳，仅停留在示范阶段。

**3. 绿色基础设施支撑能力不足**

一是尚未形成绿色规划理念。福建省尚未建立完善绿色基础设施网络，存在老旧小区、园区雨污分流覆盖不足，城中村、老旧城区和城乡接合部排水管网空白区未消除，湿垃圾处理设施能力不足等问题。二是主要城市公共充电基础设施利用率较低。虽然福建省车桩比优于全国，但由于管理缺位等问题，主要城市如福州、厦门的公共充电桩的平均利用率均不到36%，[①] 整体服务效能偏低；此外，省级层面尚未出台激励车主和物业安装小区充电桩的补贴政策，存在老旧小区加装难和单桩利用率低等问题。

**4. 绿色技术积累较少**

一是绿色创新主体数量和成果较少。在工信部公布的2021年度绿色制造名单中，福建省入选的绿色设计产品仅25种，低于全国平均水平，且72%为针织印染布方向；入选的绿色供应链管理企业仅5家，少于江浙皖地区水平。[②] 二是企业对绿色技术投入意愿低，市场化应用效率低。由于缺乏有效的激励机制以及绿色技术的技术溢出效应和环境外部性，福建省企业普遍缺乏绿色技术研发与推广应用的积极性。同时，以绿色专利为代表的绿色知识产权保护工作体系有待完善，对绿色技术的支撑作用不足。

**5. 绿色生活模式尚未形成**

一是绿色生活氛围尚未形成。"十三五"期间福建省快递业务量翻了近两番，包装废弃物大幅增加。缺乏统一的绿色生活平台，无法统筹兼顾供需两侧，绿色产品销售渠道不足。二是绿色消费制度环境仍需完善。福建省在

---

① 《25城充电桩监测报告：深圳公用桩密度最高、但利用率较低，平均不到2成公用桩被使用》，21世纪财经网，2021年8月17日，https://m.21jingji.com/article/20210817/herald/4eacd3d15d6c43b325967c4dba032073.html。

② 《工业和信息化部办公厅关于公布2021年度绿色制造名单的通知》，中华人民共和国工业和信息化部网站，2022年1月21日，https://www.miit.gov.cn/jgsj/jns/lszz/art/2022/art_2f3bbc23bcd14cc187490ecbf7c63730.html。

绿色消费体制机制建设方面仍处于初级阶段，相关标准、分类尚不明确，政策体系还未健全完善，注册审批与产业化进程缓慢。

### 6.政策赋能作用不明显

一是污染治理投资比重偏低。2020 年，福建省工业污染治理投资占 GDP 的比重为 0.04%，[①] 低于周边的江浙皖，未形成多元化投入机制。二是激励性价格机制仍需完善。有待出台尖峰电价、非居民厨余垃圾计量收费标准等价格机制，以进一步发挥价格杠杆作用。

## 二 外省发展绿色低碳循环经济的经验

### （一）经济绿色转型

南京溧水经济开发区打造新能源汽车全产业链模式，与恒天重工股份有限公司、菲尼克斯（中国）投资有限公司等名企合作打造新能源汽车项目，建设新能源汽车的充电系统集成及生产基地，与锂电池龙头企业欣旺达电子股份有限公司合作建立首个大型动力电池基地，打造从整车制造到关键零部件研发、生产、销售的全产业链模式，纯电动客车产量占全国的 10%。[②]

广州开发区践行绿色发展理念调整产业结构，实行产业政策上的环保一票否决制，在享受相关政策方面设置了绿色发展的门槛；以产品链和废物链为主导，构建产业共生网络，加快企业间、产业间循环化改造项目建设。

### （二）资源循环利用

广州市开创"循环经济产业园＋环保主题公园"新模式，在垃圾焚烧处理厂的邻避设施上打造集现代园林景观、环保科普教育展厅、运动休闲娱

---

① 国家统计局编《中国统计年鉴 2021》，中国统计出版社，2021。
② 《纯电动客车产量占中国 10%：溧水产业新城新能源汽车产业链条再升级》，"21 世纪经济报道"南方号，2020 年 11 月 9 日，http：//static. nfapp. southcn. com/content/202011/09/c4267841. html。

乐、产业服务平台于一体的复合型环保主题公园，并以生态园景观为载体，融入体验展示和科普教育，创建与自然生态有机融合的"环保+科普+公园"循环经济产业园。

上海市运用"互联网+"助推再生资源回收行业建设，经营模式由单一回收逐步向回收、加工、利用一体化方向发展，形成了环卫回收一体化、回收企业向环卫服务转型、环卫企业向后端延伸至全产业链等多元化运行模式和点、站、场三位一体的体系架构；回收方式由传统的上门回收逐步转变为运用"互联网+回收"电子商务平台、绿色账户等线上线下结合的现代回收模式，并通过平台开展行业信息管理和行情分析。

湖州市天能集团实施新能源电池全生命周期管理，建立了中国蓄电池行业第一条集"电池制造—废电池回收—铅再生—电池制造"于一体的闭环型绿色产业链，年处理废旧蓄电池达 30 万吨，废旧蓄电池各项材料的回收率达 98%以上。①

## （三）基础设施绿色升级

江苏省打造"长江绿色运输带"，形成港口航道交通运输绿色发展的规模效应。南通建成长江流域最大的绿色水上综合服务区，通过分布式光伏电站发出的清洁电能，为来往船舶提供离岸接电、直流快充、光伏采暖、全电餐饮等综合服务，年减排二氧化碳 1.6 万吨。南京西坝港建立电动机车智能自动装车系统，实现远程遥控、无人驾驶和数字化指挥交通运营等功能，能源费用同比降低 10%。②

上海市积极推进光伏建筑一体化建设，推进光伏发电专项项目落地。充分利用工业建筑、公共建筑屋顶等资源实施分布式光伏发电工程，探索光伏

---

① 《践行"两山"理论浙江加快制造业绿色发展》，《中国工业报》（电子版），2020 年 8 月 20 日，http：//dzb. cinn. cn/shtml/zggyb/20200820/102239. shtml。

② 《全电拖轮，全电厨房，全电港口……国网江苏电力多管齐下推动经济社会绿色发展》，"扬子晚报"百家号，2021 年 8 月 24 日，https：//baijiahao. baidu. com/s？id＝1708967118138142142&wfr＝spider&for＝pc。

柔性直流用电建筑或园区示范；推广太阳能光热建筑一体化技术，推进太阳能与空气源热泵热水系统应用，探索绿氢分布式能源工程示范。

## （四）绿色技术标准

重庆市成立绿色制造技术创新战略联盟，包括高校、企业、研究院和服务中心，覆盖重庆市装备制造、汽车、电子信息等行业，推动传统制造企业绿色转型升级及绿色制造产业发展；同时建立绿色制造信息网站、专家库、科技成果库等绿色制造技术创新数据库，为政府产业政策和企业技术人才需求提供数据分析和信息支撑服务。

徐州市完善危险废物全生命周期智慧监管，以"一码通行、全程跟踪"为核心，引入物联网和地理信息系统技术，建成危险废物智慧监管平台，打造危险废物"来源可查、去向可追、全程留痕"的完整信息链，实现"产—贮—运—处"全生命周期的可追溯、可视化智慧监管。

## （五）绿色生活方式

杭州市蚂蚁金服推出的绿色倡议项目"蚂蚁森林"降低了低碳行为参与门槛，用户可通过记录公共交通、绿色办公、绿色包裹等低碳行动积攒虚拟能量，并将虚拟能量转换为沙漠里的真实树木。项目获得联合国"地球卫士奖"的"激励与行动奖"和2019年联合国全球气候行动奖。

北京市国内首创以碳普惠方式鼓励市民采取绿色出行方式，基于北京交通绿色出行一体化服务平台（MaaS平台），联合高德地图、百度地图共同启动"MaaS出行 绿动全城"行动，低碳出行获得的碳减排能量可转换为多样化奖励。活动开展4个月累计服务绿色出行619万人次，有效引导5%的用户从自驾出行变为绿色出行。[1]

---

① 《碳减排加速北京绿色发展》，"东南网"百家号，2021年3月4日，https：//baijiahao.baidu.com/s？id=1693264842988756091&wfr=spider&for=pc。

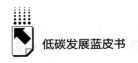

### （六）绿色发展政策

浙江省建立生态激励型财税机制。2017年，全国首创的由林、水、气环境指标组合而成的"绿色指数"将分配给各市县，生态环保财力转移支付资金与"绿色指数"挂钩。2020年，省财政创新湿地生态补偿机制，评价结果达标的省级重要湿地所在县（市、区）政府可获得每亩30元的补偿资金；建立森林质量财政奖惩制度，根据森林覆盖率、林木蓄积量的增减对各市、县进行奖惩。

上海市、广东省创新绿色金融服务和产品。上海股权托管交易中心继上线碳中和指数后，又增设专门服务于绿色产业企业的绿色Q板，吸引和支持相关企业进入市场进行孵化和培育，获取针对性金融配套服务，形成绿色环保产业的资源集聚效应。广东省推动企业在香港、澳门两地同时挂牌发行大湾区首只双币种国际绿色债券；首发"绿色结构性存款"，购买该存款的企业可以得到额外的碳排放权配额；发行全国首单"三绿"资产支持票据、首笔绿色建筑领域的碳中和债；制定发布全国首个绿色供应链融资标准，并推动在汽车行业率先落地实施。

北京市发挥碳市场作用实现交通低碳化。北京公交集团用纯电动车、无轨电车、氢燃料车、增程式（气）电动公交车、LNG车等新能源汽车和清洁能源汽车替换大批老旧柴油车，并在碳市场上出售核证减排量。截至2020年底，集团有公益性资产公交车2.38万辆，新能源比例达55.4%。"十三五"期间，柴油消费总量下降了近50%，盈余的21万吨碳排放权的交易市场价值超800万元。

## 三 福建省发展绿色低碳循环经济的有关建议

### （一）推动产业绿色化和绿色产业化，厚植高质量发展的新动力

一是搭建绿色发展促进平台，加快绿色产业集聚。鼓励国有资本与社会

资本联合实体产业与核心技术优势企业，共同打造高端环保装备制造等产业园，同时发挥福州高新技术产业开发区国家级绿色产业示范基地先行先试作用，加快平台绿色产业集聚。积极谋划一批有利于绿色产业链之间的"补链接环"，强化产业上下游联动发展的项目。针对清洁能源、新材料产业发展的关键环节和缺失环节开展全产业链招商。发挥优势企业的孵化和带动作用，支持优势企业合法合规推进兼并重组，优化资源配置。充分发挥福州、厦漳泉都市圈内产业优势，围绕共建园区主导产业开展产业链精准招商，积极探索"总部/龙头企业+基地""特色基金+特色产业""开发公司+园区"等合作模式，加快培育壮大高端装备与智能制造等园区特色产业集群。

二是"内外兼修"培育市场主体，提升绿色供给能力。进一步加大对宁德时代、厦钨新能源、龙净环保、龙马环卫等储能、环保行业龙头企业的支持力度，提升国内、国际竞争力。在清洁生产、生态环境等领域，通过培育本地企业或引进外地企业的方式，加快形成一批具有自主知识产权和专业服务能力的"专精特新"企业。

三是基于生态环保产业化的理念，开展绿色服务模式试点。推广古田翠屏湖旅游综合开发项目作为国家生态环境导向的开发模式（又称 EOD 模式）试点的实践经验，推动产业生态化和生态产业化。探索省级园区环境综合治理托管服务模式试点工作，由园区管委会委托环境服务供应商，开展水、气、固体废弃物等多要素、多领域的协同治理。

四是以供应链上核心企业为引领，发挥"关键少数"作用。重点在汽车、电子电器、机械制造等行业选择一批代表性强、行业影响力大、经营实力雄厚、管理水平高的龙头企业，发挥供应链上核心企业的主体作用，做好自身的节能减排和环境保护工作，不断扩大对社会的有效供给。引领带动供应链上下游企业持续提高资源利用效率，改善环境绩效，实现绿色发展。

五是一业一策制订提升计划，推动企业绿色化改造。重点对装备制造、六大高耗能等行业实施逐企节能诊断服务，把住全省工业节能"脉象"，并加强节能诊断服务过程的管理和结果应用。通过分质水厂建设、中水管网铺

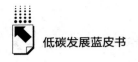

设等新举措推进工业节水，推动纺织鞋服、食品加工、造纸等高耗水行业开展节水型企业创建。鼓励工厂配置先进的污染治理装备，建立能源管理体系，以创新、创造赋能，以信息化、智能化驱动，打造行业引领的示范型绿色工厂。

## （二）推进资源节约集约循环利用，根本转变资源利用方式

一是发挥综合能源服务平台和东南能源大数据中心共享平台作用。打造上下联动的省级能源服务平台和地市级物联平台，省级平台发挥资源与技术优势，以向地市级平台及终端用户提供数据、信息、技术赋能服务为主；地市级平台广泛连接海量物联设备，以搭建能效物联网平台为主要方向，为属地用户提供个性化的能源服务产品。加快推动东南能源大数据中心实质性运作，初期优先接入高耗能企业，并逐步向规模以上工业企业、商贸流通企业、大型公共建筑等用能单位推广，最终实现全省各类用户电、热、气、水等用能基础信息全覆盖，为综合能源服务平台运作提供数据支撑。

二是打造综合能效提升示范样板。汇聚能源供应企业、设备厂商、平台服务商、科研机构与高校、用能单位等多领域主体，构建综合能源服务产业联盟，以技术创新和产业协作为抓手，促进综合能源技术链、产业链、价值链、服务链的全链条完善和提升。主抓福州滨海新城、厦门翔安机场等新建经济开发区、大型公用设施、产业园区，实施传统能源与风能、太阳能、地热能、生物质能等能源的协同开发利用，优化布局电力、燃气、热力、供冷、供水管廊等基础设施，建设一批天然气热电冷三联供、分布式可再生能源利用和能源智能微网等能源一体化综合开发利用示范工程。

三是探索"亩均论英雄"改革，推动资源要素向优质高效领域集中。对全省用地超一定面积的工业企业，开展亩均效益综合评价，并根据评价结果对企业进行分类，在税收、用地、用能、排污等方面实行一系列差异化管理。实施重点地区容积率管理制度，在福厦泉自主创新示范区的重点区域和轨道交通站点周边试行放宽容积率管理，贴合区域开发和产业发展的需求。

四是以"无废细胞"试点建设起步，打造"无废城市"。创新"物联

网+""互联网+"等绿色智能分类、回收模式,支持打造废旧物资循环利用平台和垃圾分类智能化监管平台,推进"两网融合"建设,福建省城市生活垃圾产生量全国排名稳中有降。在工厂、学校、小区、城市公园、医院、超市、饭店、景区和机关等社会单元开展"无废细胞"样板创建。引导省级及以上开发区积极创建省级循环经济示范试点园区,在产业链层面形成分类回收—清运—资源化的闭环。争创若干个国家废旧物资循环利用体系建设示范城市。福建省鼓励退役动力电池梯次利用企业与日本 4R 能源公司等合作,或引进日本优质梯次利用公司;鼓励退役动力电池用于固定式储能,加快推进退役动力电池替换基站铅酸电池,推广退役动力电池在电动自行车上使用,拓宽退役动力电池再利用渠道。

### (三)推动基础设施绿色升级,满足不断推进的新型城镇化需求

一是开展灰色基础设施绿色化改造,打造海绵城市。推广福州、厦门和外省国家海绵城市建设试点城市的经验,打造更多海绵城市样本。综合运用"渗、滞、蓄、用、排"方式,建设下凹绿地、人工湿地、地下蓄水池、景观湖等独立式功能体,运用雨水口"微创"改造、海绵"卓筒井"、道路边带透水、碎石蓄水等创新技术,缓解城市"逢雨必涝"现象。创新海绵城市建设项目筹资方式,采用 PPP 模式撬动社会资本,建立投资回报率调整机制,实行弹性费率,推动政府与社会资本风险共担、收益共享;坚持按效付费,确保项目全生命周期考核。

二是打造提升碳汇功能样板建筑,拓展城市空间。在福州新区打造图书馆、公寓、市民中心、文化中心等标杆性绿色建筑,发挥示范效应。大力发展绿植墙、立体农业等模式的立体园林建筑,通过大规模空间绿化带来的碳汇效应实现建筑"碳中和"。以河湖岸带、青山绿园、城市道路为载体,建设临水穿城的安全行洪通道、自然生态廊道和文化休闲漫道,构建集碳汇、生态、景观、休憩于一体的复合功能型廊道,有效吸附临近交通产生的空气污染物。

三是完善新能源汽车充电桩布局。明确福建省高速服务区充电设施全覆

盖的时间节点，推进各地产业园区、医院、动车站、景区等公共场所充电设施建设，推广公共绿化用地复合建设的生态充电站、"光储充检"一体化智能超级快充站等新型充电设施，完善充电设施空间布局。开展"充电服务示范居民小区"和党政机关、事业单位"充电服务示范单位"创建活动，提高充电设施利用率。

四是进一步扩大新能源装机规模。发挥福建三峡海上风电产业园、福船一帆新能源海风装备制造基地项目等产业优势，加快推进海上风电规模化开发，超前启动深远海海上风电选址规划。支持以县（市、区）为单位，采取统一建设、统一运维、分户结算的方式，推动光伏发电入社区、进家庭；因地制宜推进林光互补、渔光互补、矿山修复光伏等项目。发挥福建省沿海核电厂址资源丰富的优势，做好在建核电项目推进和储备厂址保护。

### （四）构建市场导向的绿色技术创新体系，实现零碳社会的变革性重构

一是强化企业在绿色技术创新中的主体地位。加大对企业绿色技术创新支持力度，支持企业与高校、科研院所等合作共建技术研发机构，强化自主创新和产业化示范应用，破解绿色产业发展的技术瓶颈。支持企业、高校、科研机构建立绿色技术创新项目孵化器、创新创业基地。培育一批绿色技术创新龙头企业，进一步提高其绿色技术研发能力，以及对外部技术资源、技术成果的选择、消化和吸收能力。

二是打造人才培养基地和创新联盟，推动多主体协同，培养绿色技术人才。鼓励福建省高校引进国内外知名学者开设绿色科技、绿色化工等相关专业，加快组建国家太阳电池装备与技术工程研究中心，积极申报绿色技术创新人才培养基地，加强绿色技术创新领军人才引进和培养。支持宁德时代、龙净环保等龙头企业整合高校、科研院所、产业园区等力量，组建市场化运行的绿色技术创新联盟，实现人力、技术、金融资本相互催化激励。

三是以市场为导向，强化重点绿色技术创新和转化。聚焦节能环保、典型产品生态设计、重点行业清洁生产、智慧能源管控、生态保护与修复、绿

色建筑、高端装备再制造、废旧手机家电自动化拆解、新型充换电、零碳网络等领域，着力突破关键材料、仪器设备、核心工艺、工业控制装置等技术瓶颈，加快研究制定关键技术发展的详细路线图，实施一批绿色技术创新重大研发项目。支持南平等地创建国家级绿色技术创新示范区，推动绿色重点领域开展示范工程建设，鼓励商业化示范运行。

四是以国际标准为标杆，强化绿色技术标准引领。加快推进中国（泉州）知识产权保护中心建设工作，健全绿色技术知识产权保护制度。建立绿色技术侵权行为信息记录，将有关信息纳入省信用信息共享平台，加强信用信息的共享使用。培育一批绿色技术创新第三方检测、评价、认证和交易等中介服务机构，提高福建省绿色制造评价质量。

## （五）推广绿色生活方式，强化生态福建的绿色主基调

一是宣传推广绿色生活理念和生活方式。关注不同消费群体的低碳实现方式，从气候变化、高碳消费后果等入手进行差异化宣介，并通过配套政策工具引导消费者做出低碳行为决策。抓住民众对新冠肺炎疫情的反思和记忆，倡议发起环保创新大赛、绿色产品展等全省性的绿色生活运动。充分发挥正面形象的公众人物在推动绿色生活方式中的示范引领作用，倡导简约适度、绿色低碳的生产和生活方式。用好、用活新媒体技术，加强生态环境部门官方微信、微博、抖音号推广，通过微电影、短视频等原创作品，拓宽宣传渠道，引导绿色消费。组建志愿讲师团队伍，创建新风尚学校，增强全民低碳节能意识。

二是"线上+线下"双线发力，拓宽绿色产品企业销售渠道。建立健全统一适用的标准体系和搭建全省性数字化绿色低碳生活方式平台，引导企业接入平台发布绿色产品和服务信息情况，为消费者的绿色低碳行为提供安全的身份信息登入和统一积分核算。鼓励企业发放绿色消费券，优惠的范围限定在绿色建材、有机食品、环保产品和绿色餐厅等绿色产品与服务上，稳定市场主体并释放绿色消费潜力。引导绿色产品销售企业更多地运用信息化技术和大数据技术支持企业快速健康发展。打造绿色商场、绿色饭店、绿色网

店，建立商场、超市、网店等绿色产品销售专区，搭建流通企业与绿色产品供应商的对接平台，促进绿色产品销售。

三是开展消费统计分析，发挥政府引领作用。建立或明确专门推动绿色消费工作的技术支持机构，负责绿色消费研究、信息公开、监测评估、宣传教育、能力建设等具体事务；构建绿色消费统计制度，开展绿色消费的监测、数据收集、统计和评估，鼓励相关方采信绿色产品和服务的认证与评估结果。将各级政府部门、事业单位、国有企业等主体纳入绿色采购范畴，加大绿色产品标准在政府采购中的运用，并扩大绿色采购的产品和服务的范围。制定绿色消费政府部门责任清单，建立跨部门的联动机制，形成推动合力。

**（六）健全绿色产业发展的体制机制，优化资源配置，赋能高质量发展**

一是引导金融机构丰富产品和服务。引导金融机构加大绿色信贷投放力度，支持金融机构在"光伏贷"等产品基础上，进一步发布"林链贷""排污权质押融资"等信贷产品和模式。发展绿色保险，加大对绿色技术创新企业的支持力度，显著降低高能耗、高污染企业的承保比例，推进气象指数保险在城市气候巨灾管理、生态农业、支持新能源企业发展等领域的试点应用。深入推进三明、南平省级绿色金融改革试验区建设，支持福州申报国家级绿色金融改革创新试验区。

二是搭建信息共享平台，拓宽绿色企业融资渠道。建立绿色金融大数据综合服务系统，向全省金融机构共享绿色项目储备库中的项目和企业信息，打破数据壁垒，促进与绿色企业的对接合作，为绿色产业搭建融资平台。引导企业发行绿色公司债券、资产支持证券，优化融资结构。建立专业化的绿色担保机制，发挥信用增进作用，降低市场交易成本，撬动更多社会资金支持绿色环保产业发展。

三是健全绿色收费价格机制。推进城镇生活垃圾处理收费方式改革，按照产生者付费原则，逐步建立分类计价、计量收费、便于收缴的收费制度；

综合考虑垃圾处理成本和餐饮服务行业承受能力，推进非居民餐厨垃圾收费标准的完善和实施；健全分类垃圾与混合垃圾差别化收费机制，提高混合垃圾收费标准。合理制定污水处理收费标准，建立健全城镇污水处理费动态调整机制，具备污水集中处理条件的建制镇全面建立污水处理收费制度；试行双管分质供水改善优质水短缺状况，规定工业用水、市政道路绿化浇洒用水及生活用水选用价格较低的低质水供水。对能源消耗超限额标准的用能单位严格执行阶梯电价，建立健全单位产品超能耗限额标准惩罚性电价，对主要耗能行业的用能单位实行差别电价。

四是完善环境权益交易制度。加快建立初始分配、有偿使用、市场交易、纠纷解决、配套服务等制度，做好绿色权属交易与相关目标指标的对接协调。创新基于排污权、用能权、水权、碳排放权的基金、债券、抵押等金融产品，增加资源环境交易的流动性和吸引力。启动排污权交易指数，实现排污权交易数据的"可视化"；完善用能权有偿使用和交易制度，开展跨市域交易；丰富雨水资源使用交易、地表水水权交易等非常规水权交易品种，进一步提升水资源利用效率和效益；有序推进福建省试点碳市场与全国碳市场的衔接，做好碳排放配额分配、清缴以及温室气体排放报告核查。

# 国际借鉴篇

Reports on International Experience

# B.13
# 欧盟"碳边界调节机制"对福建省的
# 影响分析

施鹏佳　杜翼*

**摘　要：** 随着欧盟委员会正式提出"碳边界调节机制"（CBAM）立法草案，美国、加拿大等发达国家陆续提出对部分进口商品征收碳关税的议案或政策设想，国际贸易形势日趋紧张。欧盟作为福建省前三大贸易合作伙伴之一，CBAM实施中远期将对福建省产生深刻影响。从对外贸易影响看，CBAM恶化了国际贸易环境，将削弱福建省出口竞争力，压缩企业利润空间，甚至影响出口贸易结构和贸易方式；从用电形势影响看，将提高用电不确定性风险，加速用电结构转型升级，提高用电能效管理要求；从碳电市场影响看，将加大电力市场绿电供应需求，增加碳市场建设压力。因此，福建省需要超前谋划应对CBAM的对策方针。

---

* 施鹏佳，工学硕士，国网福建省电力有限公司经济技术研究院，研究方向为配电网规划、企业管理；杜翼，工学硕士，国网福建省电力有限公司经济技术研究院，研究方向为能源经济、电网规划、能源战略与政策。

**关键词：** CBAM 碳关税 碳泄漏 碳足迹 低碳壁垒

2021 年 7 月 14 日，欧盟委员会正式提出 CBAM 立法草案，拟对欧盟进口的部分商品征收碳关税。欧盟是福建省前三大贸易伙伴之一，CBAM 实施将对福建省出口贸易及相关行业产生深远影响。本报告梳理了 CBAM 政策背景与发展现状，分析政策草案要点与实施影响，并提出相关应对策略，为谋划应对 CBAM 实施产生的"低碳壁垒"提供参考。

# 一 CBAM 政策背景与发展现状

## （一）CBAM 政策背景

在全球大部分国家共同采取积极措施应对气候变化的同时，法国、德国等欧盟发达国家认为，《联合国气候变化框架公约》《京都议定书》《巴黎协定》所遵循的"共同但有区别的责任原则"会形成不对称减排，引发"碳泄漏"现象，即碳密集型产业由高碳税国家转移到低碳税国家，导致全球碳排放总量增加，同时在产品进口过程中，低碳税国家会因价格优势对高碳税国家产品竞争力产生冲击。

为此，2019 年 7 月，欧盟委员会主席乌尔苏拉·冯德莱恩首次提出征收碳关税的设想，并在 2019 年 12 月正式将 CBAM 写入《欧洲绿色协议》，该协议提出到 2030 年欧洲温室气体排放量比 1990 年至少减少 55% 的目标，并于 2050 年实现气候中和。2020 年 3~10 月，欧盟完成了 CBAM 影响评估及公众咨询，提议将 CBAM 列入 2021 年立法议程。2021 年 3 月 10 日，欧洲议会投票通过了设立 CBAM 的决议，明确在进口贸易中对未达到欧盟排放约束的国家征收碳关税，并提出远期 CBAM 将适用于欧盟排放交易体系（EU ETS）覆盖的所有产品。2021 年 7 月 14 日，欧盟委员会进一步提出 CBAM 立法草案，正式启动立法进程，计划 2023 年起执行 3 年过渡期，

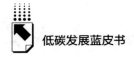
2026 年配合 EU ETS 相关政策全面实施（见图 1）。2022 年 3 月 15 日，欧盟理事会就 CBAM 相关规则达成协议，明确由进口商向欧盟集中申报。

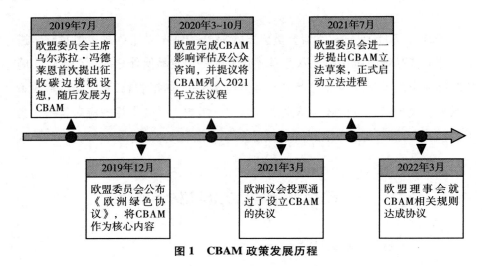

图 1　CBAM 政策发展历程

### （二）国际反响情况

欧盟通过 CBAM 立法决议一事在国际社会引发了强烈反响，国际社会特别是部分发展中国家对此持反对态度，主要争议如下：一是合法性问题，CBAM 与世界贸易组织（WTO）规则相违背，同时不符合《联合国气候变化框架公约》确定的"共同而有区别的责任"原则。CBAM 要求所有国家与欧盟承担同样的碳价约束，对尚未形成完备碳价机制或暂时没有能力建立相关机制的发展中国家造成了歧视，助长了单边保护主义之风，这遭到了包括中国、俄罗斯、印度等在内的发展中国家的一致反对。二是有效性问题，欧盟认为 CBAM 是减少"碳泄漏"的有效措施，但关于"碳泄漏"是否存在目前学界尚没有统一观点。反对"碳泄漏"的观点主要基于要素禀赋假说，认为一国出口产品的相对优势取决于该国的要素禀赋和生产技术。[①] 三是可行

---

① 《"碳泄漏""碳边境调节机制"相关解读》，"海上能研说"微信公众号，2021 年 7 月 22 日，https：//mp.weixin.qq.com/s/rtH-feiz4YXF8s7C9CeG1g。

性问题，目前国际上尚未建立统一的碳定价机制与碳排放核算标准体系，各国应对气候变化的政策机制差异较大，CBAM 实施将面临较高的技术复杂性。

2021 年 7 月 26 日，生态环境部在例行新闻发布会上强调，CBAM 本质上是一种单边措施，无原则地把气候问题扩大到贸易领域，既违反 WTO 规则，冲击自由开放的多边贸易体系，严重损害国际社会互信和经济增长前景，也不符合《联合国气候变化框架公约》及《巴黎协定》的原则和要求，特别是"共同但有区别的责任"等原则，以及"自下而上"国家自主决定贡献的制度安排，助长单边主义、保护主义之风，会极大降低和减弱各方应对气候变化的积极性和能力。

尽管国际社会普遍持反对意见，但美国、加拿大等部分发达国家已着手开展碳关税政策设计。美国民主党提出议案，拟向中国等国家未达到规定碳排放标准的进口商品征收"污染方进口费"，计划 2024 年起对进口的石油、天然气、煤等化石燃料以及铝、钢铁、水泥等碳密集型行业征收碳关税，规模达到美国进口总额的 12%。加拿大已启动关于 CBAM 的内部政策磋商，拟对使用煤电生产的部分进口商品征收碳关税，并向国民征求意见。英国借七国集团（G7）峰会主办契机，正全力推动西方七国在碳边境调节政策上达成协议。日本政府宣布针对包括 CBAM 在内的贸易制度，探索建立美欧日三方贸易协议框架。

## 二　CBAM 政策草案要点

### （一）政策目的方面，借口"碳泄漏"实行单边贸易保护

实施 CBAM 政策的官方理由是为了避免"碳泄漏"影响全球共同应对气候变化的努力。实质是通过征收碳关税，强制进口产品采用欧盟碳税标准，忽略了不同国家在应对气候变化问题上承担的历史责任和起点不同，是一种单边的贸易保护主义。据联合国贸易发展组织测算，CBAM 难以缓解全

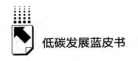

球气候变化，仅能减少全球 0.1% 的二氧化碳排放量，但发展中国家碳密集型产业出口将减少 1.4%~2.4%，中国将减少 2%~3.5%。

### （二）覆盖范围方面，过渡期覆盖五大碳密集型行业

国别上，包括除充分融入 EU ETS 或与欧盟建立碳市场连接外的所有非欧盟国家。行业上，过渡期覆盖水泥、电力、化肥、钢铁和铝等碳密集行业，这 5 个行业欧盟进口整体大于出口，排放水平较高且排放量相对容易测算。远期将适用于 EU ETS 覆盖的所有行业，包括工业、交通等。产品上，包括原材料及部分成品和半成品，以防止企业通过贸易模式向下游转移来规避 CBAM。

### （三）征税规则方面，将碳足迹作为碳关税计算基础

根据碳足迹（即产品全生命周期碳排放量）及欧盟碳价水平测算碳关税，为避免重复收税，扣除欧盟免费排放额度和产品在生产国已付的碳税。碳足迹包括产品生产过程中的直接排放，以及消耗外购热力、制冷、电力、原料与燃料等投入物的间接排放，各国电力碳排放强度是计算间接排放的重要依据。对于数据缺失等导致实际排放强度无法核实的，排放强度默认参照欧盟同行业排放水平前 10% 企业的平均值。

### （四）实施方式方面，增设"碳配额池"强推欧盟碳税标准

在 EU ETS 之外单独设立专门的排放额度池，要求进口企业购买排放额度证书以支付碳关税，证书价格为每周 EU ETS 平均碳价，并按年度进行统一结算。过渡期，进口商仅需申报产品隐含碳排放量和在原产国已实际支付的碳税，不需清缴证书。

## 三　CBAM 对福建省的影响

### （一）对外贸易的影响

#### 1. 降低对欧盟出口竞争力

福建省高载能行业碳足迹水平普遍高于欧盟，中远期或将面临高额碳关

税。一是碳排放强度高。2020 年,福建省平均碳排放强度是欧盟的 3.3 倍,CBAM 覆盖行业中,钢铁和电解铝碳排放强度分别是欧盟的 1.6 倍和 3.0 倍。二是电力清洁化水平低。2020 年,福建省清洁能源装机、发电占比分别达 55.1%、47.6%,较欧盟分别低 8.5 个百分点、17.0 个百分点。

### 2.压缩企业利润空间

一是出口价格降低。为保持出口竞争力,纺织、化工等行业或需降低出口价格;若欧盟客户要求中方承担碳关税,价格将进一步受挤压,削弱低成本劳动力优势。二是原料价格上涨。碳关税成本将从钢铁等上游产品传导至下游制造业产品,或将导致福建省企业从原料价格较高的国家进口低碳原料。

### 3.影响出口贸易结构和贸易方式

一是减少对欧盟出口订单。2020 年,福建省对欧盟出口额占总出口额的 14.7%,主要集中在机电和劳动密集型产品领域,且均被列入 EU ETS 的"碳泄漏"清单,过渡期后将被 CBAM 覆盖。二是被迫转移国内产能。为规避碳关税,部分企业可能通过海外投资向欧盟市场供货,或将产能迁移。

### 4.恶化国际贸易环境

受 CBAM 影响,美国、加拿大、日本等发达国家均已加快推动碳关税政策设计。未来,发达国家可能依托清洁转型先发优势,组建"碳边界调节俱乐部",存在以气候保护之名引发新一轮贸易摩擦的风险。

## (二)用电形势的影响

### 1.用电不确定性风险提高

一是劳动密集型行业用电将受较大影响。2020 年,福建省出口欧盟的劳动密集型产品占比达 41.6%,这类产品技术门槛较低、易被替代,且主要由中小企业生产,行业前 10 企业用电占比不足 20%,对外部环境变化敏感。二是高载能行业清洁转型加速。CBAM 引起的贸易格局变化将加速高载能行业工艺升级。2020 年,福建省钢铁行业电炉炼钢产量占比不足 12%,

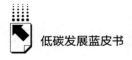

较欧盟低47个百分点；化工、冶金等行业尚有在役燃煤锅（窑）炉519座，估算可替代电量潜力超200亿千瓦时。

**2. 用电结构转型升级加速**

福建省高技术产品行业竞争力整体较强，受碳关税影响较小。2020年，福建省出口欧盟机电产品占比达40.4%。CBAM实施将助推劳动密集型和资源密集型产业向技术密集型产业转变，带动电子信息和数字产业等低排放、高附加值产业用电占比增加。

**3. 用电能效管理要求提高**

在以"低碳经济"为主的外贸环境下，传统高消耗、高排放、低效益的粗放型外贸发展模式的国际生存空间越来越小。企业需要通过低碳技术强化节能减排以维持市场竞争优势，综合能源服务将迎来更大的市场空间。

**（三）碳电市场的影响**

**1. 绿电需求增加，欧盟客户或将因CBAM加大产品生产过程绿色电力消费比重**

如由瑞典宜家集团发起成立的RE100组织，要求至2050年供应链上游各环节实现绿色电力全覆盖。福建省绿色电力交易规则尚不完善，且未列入全国首批17个绿色电力交易试点。

**2. 碳市场建设压力加大，福建省碳市场建设与欧盟差距较大，短期内难以缓解碳关税影响**

一是碳价差距巨大，2021年，欧盟碳价已突破530元/吨，福建省碳价最高仅27元/吨，约为欧盟的5%。二是受控气体单一，EU ETS包括二氧化碳、全氟化碳等温室气体，福建省碳市场仅含二氧化碳的配额与交易。三是免费配额较高，EU ETS根据减排目标确定配额总量，有偿配额比重达57%，免费配额每年以1.75%的速度递减，并计划10年内取消免费配额。目前福建省均为免费配额，无法抵消碳关税。

# 四 积极应对 CBAM 的相关建议

## （一）推动贸易布局调整，重点优化"两个结构"

### 1. 优化外贸结构

依托"一带一路"、"金砖+"、区域全面经济伙伴关系协定（RCEP）等合作机制建设"绿色丝绸之路"，推动绿色投资、零碳低碳技术贸易等多边合作平台建设，为产业绿色升级拓展新空间；积极引导出口企业开辟新兴国际市场，对冲欧美"低碳壁垒"风险；坚持扩大内需战略基点，降低机电、纺织等行业出口依存度。

### 2. 优化产业结构

引导资源要素向低排放、高附加值产业汇集，支持高排放、低附加值产业的进口替代和产业转移，促进电子信息和数字产业扩影响、强引领，推动新能源新材料和节能环保产业上规模、增实力，提升外贸竞争力。

## （二）推动能源清洁转型，重点深化"两个替代"

### 1. 深化能源供给侧清洁替代

积极推动新型电力系统建设，大力发展风力、光伏发电，积极鼓励"清洁能源+储能"模式并支持优先并网，推动煤电节能降碳改造、灵活性改造、供热改造，降低电力碳排放强度。

### 2. 深化能源消费侧电能替代

持续深入开展工业领域电能替代，推动钢铁、化工、玻璃行业中低品位热源的电能供应改造，县级及以上城市建成区 35 蒸吨/小时及以下燃煤锅炉基本淘汰。

## （三）发挥市场作用，重点完善"两个机制"

### 1. 完善碳排放权交易市场机制

统筹全国统一碳市场及福建试点碳市场建设，形成上下联动、优势

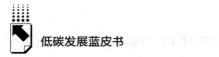

互补格局；对标 EU ETS，逐步扩大覆盖主体范围，优先纳入电解铝、水泥等 CBAM 覆盖行业，降低重点排放单位准入门槛；根据碳达峰碳中和目标，探索配额总量逐年递减及有偿配额发放方式；推动将政策给企业带来的隐性碳价纳入企业实际支付碳价认证，缩小中欧碳价差距；将碳交易纳入金融市场体系和风控框架，支持金融机构参与碳市场，逐步推出碳金融衍生品，形成激励充足且相对稳定的碳价格。

### 2. 完善电力市场绿色电力交易机制

加快出台福建省绿色电力交易实施细则，推动清洁能源、重点排放单位通过电力现货市场开展绿色电力交易；将绿色电力交易纳入碳核算认定标准，实现碳电市场有效衔接；探索建立与新能源发电特性相匹配的峰谷分时电价机制，考虑地区、季节差异，分类设置峰谷电价时段和价差，进一步促进新能源消纳。

## （四）推动行业节能减排，重点加快"两个突破"

### 1. 加快低碳技术突破

加大对钢铁等碳密集型行业生产工艺再造、用能行为优化等节能减排改造的政策倾斜力度，通过政府基金、补贴等手段支持新能源、新材料龙头企业拓展低碳技术路线；鼓励节能低碳领域龙头企业开展碳捕集等前沿技术探索，超前谋划布局碳捕集在燃煤电厂、水泥等领域的示范应用工程；加快推动绿色产业园区建设，发展园区绿色循环经济，构建绿色制造体系，形成产业链控碳减排集聚效应。

### 2. 加快碳足迹管理标准突破

建立与国际市场接轨的碳足迹评价、核算和认证标准及碳信息披露机制，"十四五"期间，重点加大对钢铁、纺织、机电等欧盟"碳泄漏"清单覆盖行业的碳足迹摸排，掌握国际贸易碳关税谈判的话语权。

**参考文献**

欧盟委员会：《碳边界调整机制：问答》，2021。

联合国贸易和发展会议：《欧盟碳边界调整机制：对发展中国家的影响》，2021。

# B.14
# 国际碳达峰碳中和经验与启示

陈晗　林昶咏*

**摘　要：** 截至 2021 年底，全球已有 54 个国家实现碳达峰，130 个国家和
地区实现或提出碳中和目标。欧盟、美国、日本等国家和地区通
过完善低碳发展体制机制、推进能源供给结构改革、推动产业绿
色低碳转型、广泛开展国际合作交流，推动实现碳达峰碳中和。
我国从碳达峰到碳中和的过渡时间为 30 年，面临过渡时间短、
排放基数大、减排成本高等诸多挑战。借鉴主要国家经验，福建
省应进一步完善绿色低碳政策体系，推动能源供给绿色变革，加
速产业结构优化升级，探索多元跨国合作路径。

**关键词：** 碳达峰　碳中和　能源供给　产业转型　绿色体制机制

## 一　国际碳达峰碳中和现状及发展路线

### （一）国际碳达峰碳中和基本情况

截至 2021 年底，根据世界资源研究所（WRI）统计，全球已有 54 个国
家实现碳达峰（见图 1），占全球碳排放总量的 40%；能源与气候智库
（ECIU）将已经提出碳中和目标的 130 个国家和地区分为了四个梯队，具体

---

\* 陈晗，工程管理硕士，国网福建省电力有限公司经济技术研究院，研究方向为工程管理、能
源经济；林昶咏，工学硕士，国网福建省电力有限公司经济技术研究院，研究方向为能源经
济、配电网规划、能源战略与政策。

包括：已实现碳中和目标的 2 个国家、已立法确定碳中和目标的 14 个国家和地区、在政策中宣示碳中和目标的 45 个国家和地区，以及初步提出碳中和目标但仍处于讨论中的 69 个国家和地区（见表1）。

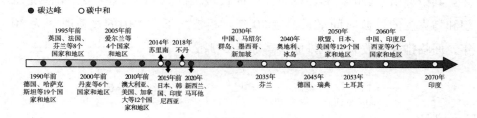

**图1　全球碳达峰碳中和时间线**

资料来源：世界资源研究所（WRI）。

**表1　已实现碳中和或已提出碳中和目标的国家和地区**

| 梯队 | 国家和地区 |
| --- | --- |
| 已实现碳中和目标 | 苏里南（2014）、不丹（2018） |
| 已立法确定碳中和目标 | 德国（2045）、欧盟（2050）、日本（2050）、英国（2050）、法国（2050）、加拿大（2050）、韩国（2050）、新西兰（2050）等 14 个国家和地区 |
| 在政策中宣示碳中和目标 | 芬兰（2035）、奥地利（2040）、美国（2050）、澳大利亚（2050）、马绍尔群岛共和国（2050）、土耳其（2053）、中国（2060）、俄罗斯（2060）、哈萨克斯坦（2060）、乌克兰（2060）、印度（2070）等 45 个国家和地区 |
| 讨论中的碳中和目标 | 孟加拉国（2030）、南苏丹（2030）、尼泊尔（2045）、巴基斯坦（2050）、瑞士（2050）等 69 个国家和地区 |

资料来源：世界资源研究所（WRI）。

从碳达峰情况看，排放量前十的国家和地区的排放总量占全球的 67.6%，[①] 除中国、印度和伊朗外均已实现碳达峰（见图2）；截至 2020 年，世界前十的主要经济体[②]中，仅中国和印度未实现碳达峰。

从碳中和情况看，已实现碳中和的苏里南和不丹国土面积小、经济水平

---

① 数据来自世界资源研究所（WRI）。

② 根据世界银行统计，2020 年世界前十的主要经济体为美国、中国、日本、德国、英国、印度、法国、意大利、加拿大、韩国。

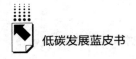

低、森林覆盖率高，均依托资源禀赋优势实现碳中和。已提出碳中和目标的国家中，预计芬兰进展速度最快，拟于2035年实现碳中和。

主要国家从碳达峰到碳中和的过渡时间不尽相同，平均过渡时间约50年。其中马绍尔群岛共和国的过渡时间最短，仅20年；俄罗斯、哈萨克斯坦和乌克兰的过渡时间最长，达70年。相较之下，中国的过渡时间为30年，面临排放基数大、减排成本高等诸多挑战。

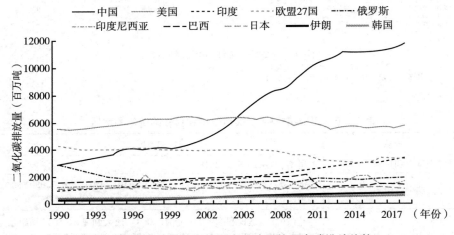

**图2　世界排放量前十的国家和地区的历史碳排放趋势**

资料来源：世界银行。

## （二）世界主要国家碳中和发展情况

### 1. 欧盟"减碳55"一揽子气候计划

欧盟已在20世纪90年代实现碳达峰，是最早达峰的地区之一。2021年6月，欧盟通过了《欧洲气候法案》，要求2030年欧盟的温室气体净排放量较1990年减少55%以上，2050年前实现碳中和。2021年7月，欧盟委员会进一步发布了"减碳55"（"Fit for 55"）一揽子气候计划，提出包含交通、海洋、能源、建筑、农业等行业的14项具体举措（见图3）。

顶层机制方面。一是修订《减排分担条例》，为人均GDP较高的成员

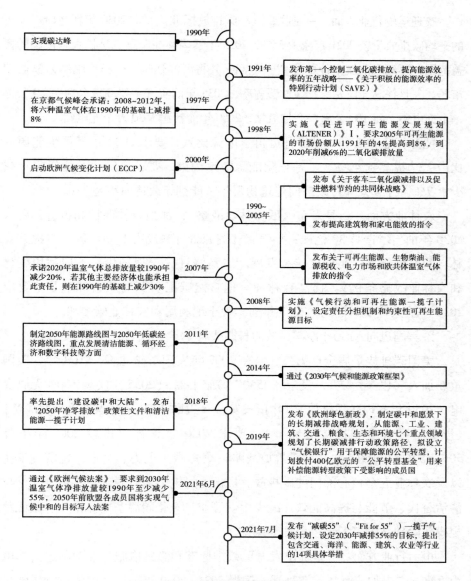

**1990年** 实现碳达峰

**1991年** 发布第一个控制二氧化碳排放、提高能源效率的五年战略——《关于积极的能源效率的特别行动计划（SAVE）》

**1997年** 在京都气候峰会承诺：2008~2012年，将六种温室气体在1990年的基础上减排8%

**1998年** 实施《促进可再生能源发展规划（ALTENER）》Ⅰ，要求2005年可再生能源的市场份额从1991年的4%提高到8%，到2020年削减6%的二氧化碳排放量

**2000年** 启动欧洲气候变化计划（ECCP）

**1990~2005年** 发布《关于客车二氧化碳减排以及促进燃料节约的共同体战略》

发布提高建筑物和家电能效的指令

发布关于可再生能源、生物柴油、能源税收、电力市场和欧共体温室气体排放的指令

**2007年** 承诺2020年温室气体总排放量较1990年减少20%，若其他主要经济体也能承担此责任，则在1990年的基础上减少30%

**2008年** 实施《气候行动和可再生能源一揽子计划》，设定责任分担机制和约束性可再生能源目标

**2011年** 制定2050年能源路线图与2050年低碳经济路线图，重点发展清洁能源、循环经济和数字科技等方面

**2014年** 通过《2030年气候和能源政策框架》

**2018年** 率先提出"建设碳中和大陆"，发布"2050年净零排放"政策性文件和清洁能源一揽子计划

**2019年** 发布《欧洲绿色新政》，制定碳中和愿景下的长期减排战略规划，从能源、工业、建筑、交通、粮食、生态和环境七个重点领域规划了长期碳减排行动政策路径，拟设立"气候银行"用于保障能源的公平转型，计划拨付400亿欧元的"公平转型基金"用来补偿能源转型政策下受影响的成员国

**2021年6月** 通过《欧洲气候法案》，要求到2030年温室气体净排放量较1990年至少减少55%，2050年前欧盟各成员国将实现气候中和的目标写入法案

**2021年7月** 发布"减碳55"（"Fit for 55"）一揽子气候计划，设定2030年减排55%的目标，提出包含交通、海洋、能源、建筑、农业等行业的14项具体举措

**图3　欧盟低碳政策时间线**

国设定更高的减排目标。二是设立社会气候基金，为受碳减排影响的中低收入家庭、小企业提供资金补助。三是启动碳边界调节机制立法程序，要求进口电力、钢铁、水泥、铝、化肥等产品时，须购买相应的碳含量交易许可。

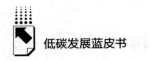
交通运输行业方面。一是收紧汽车碳排放标准，要求2030年新注册燃油车的平均碳排放量较2021年减少55%，2035年禁售燃油车。二是扩大碳市场的覆盖范围，逐渐取消航空业的免费碳配额，并将海洋运输、公路运输纳入欧盟碳市场。三是提高充电站、加氢站覆盖率，2035年前实现主要高速公路每60公里一个充电站、每150公里一个加氢站，2050年前新建1630万个充电站。

能源行业方面。一是提升可再生能源比重，要求2030年可再生能源占比由32%提高到40%。二是强化能源效率约束，要求建筑行业能耗每年减少1.7%，各级公共行政部门建筑物每年节能翻新改造面积超3%。

农林业方面。一是发布《欧盟林业战略》，加强森林保护和再造，要求2030年前新增造林30亿棵；加强森林资源管理和动态监测，进一步提升森林自我修复能力，实现可持续发展。二是修订《土地利用、土地利用变化和农林业战略条例》，提高森林和其他自然碳汇资源的质量和数量，要求2030年前减排3.1亿吨，2035年前实现土地利用和农林业碳中和。

## 2. 美国迈向2050年净零排放的长期战略

美国碳排放量居全球第二，已在2007年实现了碳达峰。2021年，美国重新加入《巴黎协定》，设定"3550"双碳目标（2035年实现100%无碳发电、2050年实现净零排放），并正式发布《迈向2050年净零排放长期战略》（以下简称《净零排放战略》），要求2030年碳排放量较2005年下降50%~52%（见图4）。《净零排放战略》聚焦减少电力、交通、建筑、工业以及农林业五个核心部门的碳排放，提出通过电力完全脱碳、终端电气化与清洁替代、节能与提高能效、减少甲烷等非二氧化碳温室气体排放、碳汇及规模化除碳技术等五大手段推动减排。

电力行业方面。一是提出发电厂减排标准和激励措施，推动制定清洁电力标准。二是加速清洁能源部署，确保2021~2050年平均新增清洁能源装机超5400万千瓦。三是增加清洁能源的配套基础设施投资，推动传统电力系统向零排放弹性电力系统转型。四是部署推广碳捕集和封存技术（CCS），2020年起全面启动火电厂CCS安装工作，逐步降低火力发电二氧化碳排放量。

交通运输行业方面。一是推广零排放汽车，要求2030年新销售车辆中

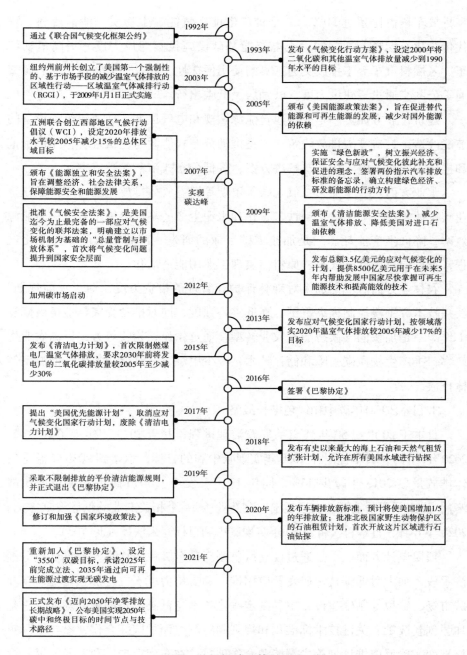

**图4 美国低碳政策时间线**

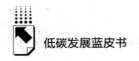

零排放车辆占比超过 50%。二是推广电能、氢能、生物质等清洁燃料，替代传统化石燃料。三是加大充电充能基础设施投资建设力度，提高电动汽车、氢燃料汽车等零排放交通工具的使用便捷性。四是加大轨道交通、微交通等公共交通投资建设力度，鼓励居民低碳出行。

建筑行业方面。一是完善建筑能源法规和电气标准，加速建筑和设备的节能改造，打造零碳排放建筑。二是推动分布式能源与建筑融合，加快示范和推广高能效、电气化建筑解决方案，降低分布式清洁能源成本。

工业方面。一是加大二氧化碳、甲烷等温室气体排放监控力度，强化工业碳排放管理。二是优化钢铁、石化和水泥生产的高温熔炼工艺，提高能源效率、降低生产能耗。三是加速零碳工业的研发、部署、示范和商业化进程，推广绿氢等低碳燃料、原料，实现工业用能清洁化。

农林业方面。一是加大对森林保护和管理的投资力度，通过灾前规划、新兴技术等手段控制火灾范围、降低灾害强度，同时推动受灾林地植被修复工作。二是加快向气候智能型农业转型，通过轮作、轮牧等方式提高农业生产率，推广生物质碳去除和储存技术，减少甲烷、一氧化二氮等其他温室气体排放。

### 3. 日本2050年碳中和绿色增长战略

日本于 20 世纪 50 年代启动气候治理进程，并于 2013 年实现了碳达峰。2020 年 10 月，日本提出在 2050 年实现碳中和的目标，承诺到 2030 年温室气体排放量较 2013 年减少 46%，同年 12 月，发布《2050 碳中和绿色增长战略》，提出了覆盖能源、交通运输、制造业等 14 个相关产业的低碳发展方向；2021 年 6 月，日本首次将 2050 年实现碳中和目标写入法律（见图 5）。

顶层设计方面。一是通过设立绿色创新基金、税收优惠、利息优惠等经济手段，加大对低碳技术研发及应用推广的支持力度。二是加强环境监管和碳市场、碳税等制度建设，主导制定减排技术与低碳设备的国际标准。三是加强创新政策、关键技术标准化和规则制定等方面的国际合作，参与国际热核聚变实验反应堆计划等尖端能源合作项目；在东南亚推广和普及氨燃料混燃等新能源技术，开拓新能源产业国际市场。

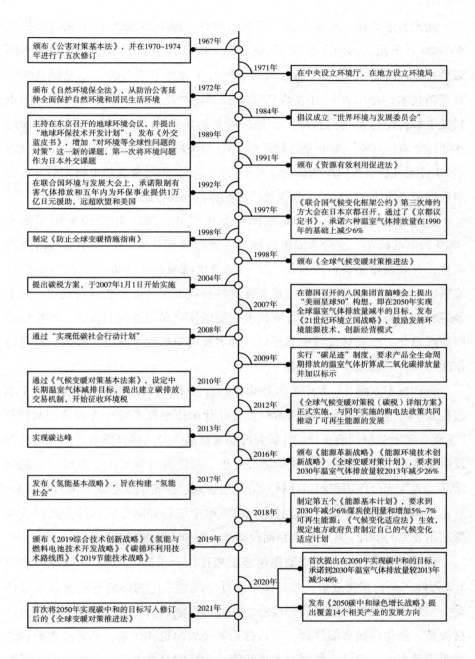

**图5 日本低碳政策时间线**

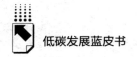

能源行业方面。一是大力开发海上风电，提出 2030 年将装机规模扩大至 1000 万千瓦、2040 年扩大至 3000 万～4500 万千瓦的目标，并将成本削减至每千瓦时 8～9 日元（折合人民币约每千瓦时 0.45 元）。二是创新探索氨燃料技术，提出 2030 年实现 20%氨混燃技术普及化、2050 年实现纯氨燃料发电替代燃煤发电的目标。三是推动氢能增产降本，提出 2030 年供应量达到每年 300 万吨、2050 年达到每年 2000 万吨的目标，并将成本降至每立方米 20 日元（折合人民币约每立方米 1 元）以下。四是加强核电技术研发，稳步推进小型模块化反应堆、高温气冷堆和核聚变技术的研发和示范工作。

交通运输行业方面。一是推动汽车电气化，2030 年实现乘用车新车100%为电动汽车，支持合成燃料技术发展和规模化应用。二是推动海运低碳化，开发新型燃料供应系统，实现二氧化碳减排率达 86%，同时推广氢燃料电池系统和动力系统，实现无碳燃料替代。三是推动航运高效化，研发氢燃料动力系统的核心技术，支持发展油电混合动力和纯电飞机。四是推动物流绿色化，全面建设碳中和港口，部署智能交通运输网络，提高交通网络枢纽运行、运输效率。

低碳技术方面。一是研究大规模碳封存技术，开发兼具固碳效率和土壤改良效率的生物炭材料；加速木材育种并利用传感技术进行再造林；加强对"蓝碳"碳吸收量的清查登记，研究海藻床和潮间带的碳补偿系统。二是着力发展碳循环技术，推广二氧化碳制混凝土、制燃料（藻类生物燃料）和制化学品（人工光合作用制塑料原料）等应用模式，探索低成本碳分离回收技术。三是优化资源循环方式，通过技术创新、改造设备和降低成本等方式促进资源利用效率的提升，优化废弃物回收路线，减少资源循环过程中的碳排放。

建筑减排方面。一是推动建筑施工减排，要求到 2030 年平均每年减少3.2 万吨二氧化碳排放量，推广使用电动、氢能、生物燃料等建筑施工设备动力系统。二是提升建筑节能性能，通过推广隔热窗、节能空调等高性能建材设备，强化建筑节能管理。三是打造零排放建筑和住宅，部署先进的智慧能源管理系统，通过大数据、人工智能、物联网等技术手段，推动楼宇用能电气化、清洁化。

## 二 主要国家和地区推动碳达峰碳中和的经验特点

### （一）完善低碳发展体制机制

一是自上而下健全顶层设计。在国家层面通过立法确定碳中和目标，并进一步制定具体可执行的实施路径图，目标刚性强、措施力度足。

二是建立健全绿色财税体系。针对低碳技术和低碳行为设计税收返还和优惠政策，引导经济绿色发展。通过设立减排基金、财政补贴等手段激励低碳技术的研发、推广和使用，推动产业低碳转型。

三是健全以碳定价为核心的市场机制。建立碳市场机制，分阶段调整配额分配方式和市场管控力度，以碳价传导减排压力、以市场疏导减排成本。建立碳税机制，逐步扩大碳税征收覆盖范围，强化减排"硬约束"，倒逼企业减排。

### （二）推进能源供给结构改革

一是明确化石能源淘汰路径。明确全面停止燃煤发电的时间，逐步淘汰燃煤电厂。减少国际化石能源项目资助，收紧国内碳密集型项目融资。

二是增加清洁能源消费比重。积极开发风电、光伏等可再生能源，推动构建以清洁能源为主导的能源体系。完善可再生能源配套机制，加大可再生能源财政补贴投入力度，提升可再生能源发电的市场竞争力。制定氢能发展战略，推动氢能全产业链的技术研发和产业规模化。

三是完善清洁能源配套设施。加快送出线路、储能等清洁能源配套设施建设，保障风电、光伏发电顺利并网。明确充电桩和加氢站建设目标，推动充电桩、加氢站与加油站共同布局，完善多能源供给产业链。

### （三）推动产业绿色低碳转型

一是推动产业结构优化升级。传统行业方面，强调能耗控制，通过高耗能产业去产能、工艺优化、生产结构重组等方式，推动整体能耗水平下降。新兴产业方面，力求打造经济增长新引擎，通过发展氢能、电子信息、新材料等高附加值、低能耗产业，培育发展新动能。生产性服务业方面，侧重发挥引导带动作用，持续发挥研发、金融、商务等行业在推动产业结构优化升级中的催化作用。

二是聚焦重点领域持续发力。交通运输领域，以电能替代、清洁替代为重点，明确禁售燃油车的具体时间节点，研发并推广新能源汽车、轮船、飞机，推动交通燃料清洁化，打造更清洁、更智能的交通网络。建筑用能领域，强化建筑制冷、供暖系统的能耗管控，推广新型建筑节能材料，打造光伏建筑一体化等零排放示范建筑，提升建筑用能效率。

三是加强用能标准约束管理。强化能效标准管控及应用，通过提高产品能效标准的方式淘汰低能效设备。建立高能效产品激励机制，对高能效产品的采购、宣传给予政策扶持。全面推广能效标识，增加产品全生命周期碳排放信息披露。

### （四）广泛开展国际合作交流

一是推动国际技术交流。推动国际技术标准的制定，搭建国际新兴技术交流平台，开展低碳技术攻关。为发展中国家和受气候变化影响较大的国家提供资金、技术和资源支持，共享气候保护、可持续发展等经验。

二是推动国际产业合作。依托不同国家劳动力和资源禀赋优势，推动劳动密集型、资源密集型产业开展跨国合作，提高资源配置效率、降低生产成本，带动地区经济协同发展。依托不同国家产业优势，推动制造业跨国产业分工落地，并不断拓展至物流、金融、商务等领域。

三是推动国际绿色金融发展。制定绿色经济活动国际清单，引导跨境气候投融资活动。推动国际绿色金融标准统一，提升国际绿色金融分类标准的可比性、兼容性和一致性，降低跨境交易的绿色认证成本。提高国际绿色金融透明度，强化绿色金融风险防控。

# 三 相关启示

## （一）完善绿色低碳政策体系

一是因地制宜完善"双碳"顶层设计。在衔接国家双碳"1+N"政策体系的基础上，按照典型示范、重点突破、整体推进的思路，围绕能源、钢铁、石化、建筑、交通等重点行业，明确时间表、划定路线图，自上而下完善省级"双碳"政策体系，确保上下联动形成合力。

二是进一步完善绿色财税体系。税收调控方面，建立健全碳税机制，提高绿色税制在税收体系中的比重和地位，引导企业增强环保意识、减少碳排放。财政引导方面，发挥绿色税收反哺作用，通过财政补贴、设立绿色发展基金等方式，支持低碳节能技术的研发、转化、应用，实现从技术到产品的有效落地。

三是持续推动多维能源市场协同发展。纵向维度，进一步完善电力现货市场、中长期市场和辅助服务市场衔接机制，推进煤炭、油气等市场化改革，加快完善统一能源市场机制。横向维度，做好用能权交易、碳市场、能源交易市场的衔接，探索各个市场的衍生品创新，完善衍生品市场的价格传导机制，引导社会资本开展绿色产业投资。

## （二）推动能源供给绿色变革

一是推进供能清洁化。传统能源方面，在保障能源供给安全的基础上，统筹规划煤电机组到役处置，推动现役火电机组灵活性改造，淘汰低效率、高排放机组。新能源方面，加快海上施工、远程运维、智能控制等海上风电关键技术的攻克，稳步发展、建设和维护大型风力涡轮机所需的基地港口，加速开发海上风电新项目；研发、推广高效异质结太阳能核心装备、光伏建筑一体化等技术，结合整县分布式光伏试点工作，因地制宜开发居民、工厂屋顶分布式光伏。

二是加快布局储能设施。应用推广方面，优化电化学储能发展布局与时序，统筹发展电源、电网、用户侧储能，探索不间断电源、电动汽车、家庭储能等用户侧分散式储能聚合利用模式。前沿突破方面，加快氢储能技术研发，推动制氢、储氢、加氢等配套技术研发应用，试点开展"海上风电+氢能""光伏+氢能"等综合供能项目。

三是持续补强新能源产业链。打造产业高地方面，依托福清风电产业园打造世界级海上风电开发及装备制造产业基地，释放万亿产业发展潜力；围绕储能领域龙头企业打造世界级电化学储能产业集群，提升储能产业国际影响力。完善产业链条方面，重点完善"新材料—节能变压器—储能装备"等新材料到新装备的制造链条，加快发展"储能+数据中心"等新能源技术应用链条，大力培育与新能源产业相关的科技、金融、特种物流等服务链条，构建绿色全产业链。

（三）加速产业结构优化升级

一是推动结构协同优化。传统产业方面，引导石化、冶金等传统高耗能企业将产能利用率控制在合理区间，加快纺织、建材等传统行业节能环保改造，全面提高产品技术、工艺装备、能效标准。新兴产业方面，结合福建省产业分布特点，引导资源要素向电子信息、新能源新材料等低能耗高附加值的产业汇集；加快产业数字化转型，发挥"数字福建"优势，强化"大云物移智链"等新技术在绿色低碳产业内的融合创新和应用，建设绿色制造体系和服务体系。

二是大力实施电能替代。优势领域方面，持续放大工业电能替代优势，抓好钢铁、玻璃行业中低品位热源的电能供应改造。薄弱环节方面，挖掘交通领域电能替代潜力，加速推广电动汽车，加快港口、机场岸电等基础设施电气化建设。特色产业方面，加快推进"电烤烟""电制茶"等传统行业电气化升级。

三是完善绿色产品认证制度。应用方面，推广基于绿色技术标准的产品全生命周期和全产业链绿色认证，加大针对绿色产品的优惠补贴力度。推广方面，探索建立绿色评价机构评级体系，加强认证结果采信，强化认证有效性监管，推动国际合作互认。

### （四）探索多元跨国合作路径

一是推进绿色低碳技术国际交流。积极参与国际能源创新平台和机制建设，举办绿色低碳发展相关论坛，密切跟踪重点领域前沿动态，通过相互投资、市场开放等手段，引进日本、欧盟等在新能源汽车、海上风电等领域的先进技术，推动跨国技术合作与交流，促进低碳技术的转化和推广。

二是统筹优化国内外产业布局。依托《区域全面经济伙伴关系协定》（RCEP）、"一带一路"等平台，强化高端资源、产品多元化供应和互利合作。控制高耗能产业的本土盲目扩张，加强石化、黑色金属、纺织服装业等传统高耗能产业对外合作，推动省内优势产业外送。

三是探索绿色金融国际合作模式。依托可持续金融国际平台（IPSF）等国际金融交流平台，推动绿色金融标准化、统一化。创新绿色金融服务模式，积极扩大外资金融机构的业务范围，增强绿色投融资市场对国际投资者的吸引力。

### 参考文献

European Commission，" 'Fit for 55'：Delivering the EU's 2030 Climate Target on the Way to Climate Neutrality，" 2021。

The United States Department of State and the United States Executive office of the President，"The Long-term Strategy of the United States：Pathways to Net-zero Greenhouse Gas Emissions by 2050，" 2021。

日本经济产业省，《2050 碳中和绿色增长战略》，2020。

# B.15
# 德国以新能源为主体的
# 电力系统发展经验与启示

李源非　陈晚晴　郑楠　杜翼*

**摘　要：** 目前，福建省新能源装机占比低，发展任务艰巨，且随着新能源大
规模开发，其波动性和随机性也将对电力系统安全、稳定运行带来
挑战。德国从源—网—荷三侧协同发力适应新能源快速发展，包括
以灵活性电源和精益化预测保障电力供应稳定性、以大范围资源配
置和智能感知控制提升电网运行可靠性、以可调控资源提升用户侧
负荷调节灵活性。建议福建省借鉴相关经验，增强电源灵活调峰和
精准预测能力、建设坚强主干网络和主动配电网络，培育用户资
源和市场机制，构建适应新能源快速发展的新型电力系统。

**关键词：** 新能源　新型电力系统　源—网—荷三侧协同　德国

推动新能源发展，加快规划建设新能源供给消纳体系对于实现碳达峰碳
中和目标（以下简称"双碳"目标）具有重要意义，福建省新能源（本报
告中指风电、光伏和生物质）发电装机容量占比为 12.1%[1]，不到全国
（25.5%）的一半，较丹麦、德国、西班牙等国家的差距更为显著，新能源

---

\* 李源非，管理学硕士，国网福建省电力有限公司经济技术研究院，研究方向为能源经济、
能源战略与政策；陈晚晴，工学硕士，国网福建省电力有限公司经济技术研究院，研究方
向为综合能源、能源战略与政策；郑楠，工学硕士，国网福建省电力有限公司经济技术研
究院，研究方向为能源战略与政策；杜翼，工学硕士，国网福建省电力有限公司经济技术
研究院，研究方向为能源经济、电网规划、能源战略与政策。

① 数据来自国网福建省电力有限公司。

发展任务艰巨。在新能源发电量占比较高的国家中，德国与福建省用电量数量级相当、电源种类相似，其建设以新能源为主体的电力系统的经验对福建省有较大借鉴意义。

## 一 德国新能源发电基本情况

（一）新能源发电装机容量占比过半，已成为电源侧规模扩张的"主力军"

截至 2020 年底，德国发电装机容量为 2.3 亿千瓦[①]，新能源发电装机容量为 1.2 亿千瓦，占总装机容量的比重为 52.6%，高于福建省 40.5 个百分点；风电和光伏发电装机容量分别为 6317 万千瓦和 5604 万千瓦，占总装机容量的比重为 27.8%和 24.7%，高于福建省 20.6 个和 21.5 个百分点。[②] 近年来，德国在加快"弃核"的同时大力发展新能源，2015~2020 年，德国发电装机容量年均增长 3.6%，其中新能源发电装机容量年均增长 5.7%，对总装机容量增长的贡献率达到 92%。

（二）新能源发电量占比近半，已成为发电侧供给下行的"逆行帆"

2020 年，德国全年发电量为 4884 亿千瓦时，新能源发电量为 2279 亿千瓦时，占总发电量的比重为 46.7%；风电发电达到 1319 亿千瓦时，占总发电量的 27.0%；光伏和生物质发电量占比均在 10%左右。德国用电需求已经达峰并开始稳步下降，2015~2020 年，德国发电量年均增速为-2.3%，但新能源发电量逆势上涨，年均增速达到 6.7%。

（三）新能源出力峰谷差异极大，或成为影响系统运行稳定的"灰犀牛"

高峰出力大于负荷需求，2020 年 6 月 1 日 12 时 15 分，新能源发电瞬时出力

---

① 数据来自德国弗劳恩霍夫太阳能系统研究所（Fraunhofer ISE）。

② 本段新能源装机占比均用源数据计算得到。

5206 万千瓦，是实时负荷（4664 万千瓦）的 1.1 倍；其中风电和光伏合计出力达 4713 万千瓦，高于实时负荷。低谷出力显著不足，2020 年 1 月 23 日 1 时 30 分，新能源发电瞬时出力 776 万千瓦，仅占实时负荷（5161 万千瓦）的 15.0%，光伏无出力、风电出力仅为 217 万千瓦，合计占实时负荷的 4.2%。

## 二 德国适应新能源快速发展的主要做法

为应对新能源出力随机波动等特性，德国在源—网—荷三侧协同发力。

### （一）电源环节：以灵活性电源和精益化预测保障电力供应稳定性

一是注重灵活性电源规划建设。从资源规模看，德国将火电、水电、抽蓄、生物质发电以及核电都作为灵活性电源，体量庞大、种类丰富。截至 2020 年底，德国灵活性电源发电装机容量达到 1.1 亿千瓦，占总装机容量的比重为 47.8%；其中，抽蓄是德国重要的灵活性电源，境内抽蓄装机容量达 981 万千瓦，另有瑞士、奥地利等邻国的 300 万千瓦抽蓄装机容量由德国电网统调，合计达到 1281 万千瓦，占总装机容量的比重为 5.6%，高于福建省 3.7 个百分点。从资源性能看，德国常规煤电机组改造后最小出力为 25%~30%[①]，相当于调峰深度可达额定功率的 70%~75%，远高于福建省（40%~60%）；爬坡速率可达每分钟 6%，是福建省的 1.5 倍。德国核电机组作为常规调峰电源，调峰深度可达额定功率的 30%，而福建省核电机组仅在春节等特殊时段少量参与调峰。

二是注重新能源出力精准预测。德国全网日前风电和光伏发电功率预测准确率分别可达 96% 和 93% 以上，明显高于福建省（风电 88%~90%、光伏 90%），主要有以下两方面原因。一方面，德国新能源发展起步早，各类项目运行的历史数据体量庞大，能够为精准预测提供可靠支撑；而福建省风电、光伏仍处于成长期，数据积累较少。另一方面，德国新能源发电参与市

---

① 中国电力企业联合会，《煤电机组灵活性改造标准体系预研报告》，2021。

场化程度高，参与市场的新能源电厂均要开展日前功率预测，已形成体量庞大的、竞争激烈的新能源出力预测服务市场；而福建省新能源出力预测主要由调度机构负责，其他市场主体开展相关业务的动力不足。

### （二）电网环节：以大范围资源配置、智能化感知控制、规范化并网管理等手段提升电网运行可靠性

一是注重跨区域互联互通。德国已通过 32 回交直流线路与周边的法国、荷兰、瑞士等 9 国实现互联。2020 年，德国与邻国交换电量达到 888 亿千瓦时，其中送出 613 亿千瓦时、输入 275 亿千瓦时，分别占总发电量的 12.6%、5.6%。大规模跨境电力传输能够有效平抑新能源出力波动，对电力系统运行影响显著。一方面，有助于消纳富余电能。例如，2020 年 6 月 1 日 12 时 15 分，德国风电和光伏合计出力达 4713 万千瓦，比实时负荷高 1.1%，此时德国外送电功率达 786 万千瓦，极大缓解了本国电网的消纳压力。另一方面，可为电力系统安全稳定运行提供保障。例如，2015 年 3 月 20 日，德国遭遇 16 年一遇的日全食，上午 9~10 时光伏出力骤降 70%[①]，产生约 1200 万千瓦电力缺口；此时，欧洲电网向德国支援电力由 1 小时前的 357 万千瓦激增至 752 万千瓦，有效避免了全国大停电；日食结束后，支援电力快速降至 258 万千瓦，有效规避了光伏出力短时突增对系统的冲击。

二是注重电网智能化水平提升。德国以智能感知终端为基础，通过信息通信技术对电网进行智能化升级。德国的智能感知终端不仅能够实现电网核心设备的状态监测，而且增加了能效诊断、网荷智能互动等功能。2016 年，德国通过《能源转型数字化法案》，计划在 2016~2026 年推广 4400 万套智能感知终端，同时投资 120 亿欧元用于先进传感器、新一代设备通信技术、智能配电网等领域，预计带动智能电网市场规模达 236 亿欧元。据西门子公司统计，到 2020 年德国已完成超过 4000 万套终端安装。目前，德国智能电

---

① 《德国电网经受住日食考验 当天太阳能发电暴跌 70%》，人民网，2015 年 3 月 30 日，http：//world. people. com. cn/n/2015/0330/c157278-26772420. html。

网建设已从早期的输配电自动化，拓展到电力行业全流程的智能化、信息化、分级化互动管理，以保障新能源高效充分利用和电力系统安全稳定运行。

三是注重新能源规范并网和运行管理。德国通过建立技术标准体系和并网检测认证体系，建立以平衡基团为基本单元的现货市场交易机制，强化对分布式新能源的并网管理，保障高比例新能源接入下系统的安全稳定运行。一方面，建立完善细致的新能源并网技术标准体系和并网检测认证体系。德国先后制定了接入中、低压配电网的分布式电源并网技术标准，明确孤岛保护、短路电流等方面的技术要求。德国的电网运行准则要求，风电机组和风电场必须进行低电压穿越特性认证和模型验证检测。德国2021年修订版《可再生能源法》明确规定，如果配套电网改造投资超过了分布式电源项目本体投资额的25%，电网企业可拒绝该项目的并网申请。要求项目业主在规划建设项目时，关注现有电网接纳能力，科学选择项目容量和接入位置。另一方面，德国创新设计了以平衡基团为核心的电力系统分区功率管理机制。该机制将德国四大输电网细分为2700多个平衡基团，作为虚拟的市场基本单元，每个基团设置1个代理商，负责保障基团内部的电力供需平衡。当基团内部无法实现自平衡时，代理商需在各级电力市场中买入或卖出电量以实现平衡，并制定计划上交电网公司。电网公司在各基团上报计划的基础上，形成全网的发用电计划。当实际交易电量与预测发生偏差时，平衡基团需承担系统平衡费用，以促进对新能源出力的精准预测和就地消纳。

## （三）负荷环节：以可调控资源提升用户侧负荷调节灵活性

一是充分挖掘可调控资源。德国对用户侧可调控资源的挖掘和利用处于全球领先水平，2019年，"削峰型"和"填谷型"需求响应资源潜力分别占最大负荷的17%和40%；福建省需求响应仍处于起步阶段，厦门梧侣变电站试点的可调控资源仅在5%左右。德国以电力市场为核心，已形成成熟的需求侧管理体系，涵盖各类用户。大型用户可独立参与现货、调频和备用市场获取收益，相关费用由所有受益的市场主体分摊；中小型用户既可以通过虚拟电厂打包参与电力市场，也可以响应分时电价自主调节用电行为。据测算，德国大型工业用户通过参与需求侧管理，平均每年可降低用电成本约 5%。

二是大力支持户用储能建设。德国户用储能发展迅速，支撑新能源就地消纳。2013 年，德国出台户用"光伏+储能"补贴政策，为户用"光伏+储能"提供占投资额 30%的补贴，2018 年起降低至 10%。通过建立户用"光伏+储能"模式，打造光储联合本地消纳系统，引导近 70%户用光伏安装电池储能，光伏自发自用率由 30%提升至 80%左右。为进一步挖掘系统灵活调节潜力，德国允许小型储能参与辅助服务市场，提供低于 5 兆瓦的二次调频和分钟级调频服务。欧洲输电网运营商 TenneT 鼓励户用光储系统通过资源聚合形成虚拟电厂，参与一次调频辅助服务市场，可为电网提供秒级响应，在促进新能源消纳中发挥了重要作用。

# 三　相关建议

## （一）电源环节：增强灵活调峰和精准预测"双能力"

一是合理巩固煤电调峰基础。保留必要的煤电装机，并通过加强灵活性改造等方式，提升煤电机组调峰性能、保障系统调峰能力。二是加快开发多类型储能资源。一方面，积极推进已纳入规划的抽水蓄能厂址开发建设；另一方面，加快新型储能技术创新突破，尽快实现储能设施商业化，提升市场竞争力。三是积极挖掘核电调峰潜力。加快探索核电参与辅助服务市场的配套机制，鼓励核电在安全的前提下更多参与系统调峰，进一步增强电源侧调节能力。四是提高新能源出力预测准确性。提高对新能源电厂功率预测的要求，并对新能源预测结果进行考核；扩大新能源参与电力市场规模，倒逼新能源电厂提升功率预测水平；由政府牵头，会同电网企业、新能源电厂和气象部门，加快聚合新能源出力与气象历史数据资源，为提升新能源出力预测水平夯实数据基础。

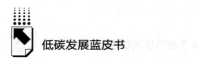
## （二）电网环节：夯实坚强主干网络和主动配电网络"双基础"

一是加快建设坚强主干网络。完善省内主干输电网架结构，加快建设福州—厦门特高压交流等工程，增强省内资源互补互济能力；推进跨省跨区通道建设，加快推进闽粤、闽赣联网，促进省间电力电量和调峰调频资源共享；补强电网基础设施薄弱环节，保障大规模海上风电安全并网接入，把沿海风电"搬"到内陆、"送"到外省。二是加快建设主动配电网络。推广分布式新能源发电功率预测、配电网智能调度与主动响应等技术，提升配网侧新能源智能运行管理水平。全面提升配网自动化和智能化水平，构建适应大规模分布式新能源即插即用、全息感知、安全消纳的主动配电网络。三是加快完善适应新能源发展的电网管理机制。加快完善新能源并网技术标准和规范，特别是建立健全海上风电和分布式光伏标准规范体系，以应对未来大规模海上风电并网和整县分布式光伏试点快速发展。强化新能源并网运行管理，探索出台针对不合规、不经济电源拒绝并网的相关政策，避免新能源粗放式发展。结合全国、省级电力市场建设，选择省内基础资源条件较好的增量配电网、微电网，参考德国经验，探索开展符合省情的新能源规范并网和运行管理工作。

## （三）负荷环节：培育用户资源和市场机制"双要素"

一是挖掘需求侧可调控资源潜力。以大型工业企业、城市核心区、负荷聚集区为重点开展需求侧可调控资源情况排查，评估福建省可调控资源的种类和调节能力。积极推广智能空开、负控终端等装置，使更多用户侧设备具备可监测、可调控功能。加快布局需求侧多能源微网、车网互动等前沿用能技术，支持户用储能发展，丰富可调控资源的种类和规模。二是健全需求侧资源调控的市场机制。加快推进厦门梧侣变虚拟电厂、福州建新变需求响应试点，探索构建虚拟电厂和需求响应参与调峰、调频的市场机制。探索建立与新能源出力特性相匹配的峰谷分时电价机制，考虑地区、季节差异，根据各类负荷特性与新能源出力特性的适配情况，差异化设置峰谷电价时段和价差，进一步促进新能源消纳。

# B.16
# 国外典型城市碳中和发展经验与启示

杨 悦 蔡嘉炜 项康利*

**摘 要：** 城市作为经济社会发展的主体，在推进全社会碳中和进程中发挥着重要作用。截至 2021 年底，全球尚未有城市实现碳中和，但阿德莱德、奥斯陆、温哥华等国外部分城市正积极探索碳中和发展路径。其中，阿德莱德通过发展高比例清洁能源实现供给侧脱碳，奥斯陆通过发展低碳交通和低碳建筑供暖实现消费侧脱碳，温哥华通过大力发展生态碳汇和技术除碳提升碳吸收能力。上述国外典型城市低碳发展路径为福建省推进城市碳中和提供了经验借鉴，福建省可进一步从顶层设计、供能清洁化、智慧低碳城市交通体系构建、除碳能力提升等四个方面谋划符合自身特色的城市碳中和和发展路径，助力全社会实现净零排放。

**关键词：** 碳中和 国外典型城市 可再生能源

城市既是经济增长的主要贡献体，又是温室气体排放的主要来源，在推进全社会碳中和进程中肩负着重要责任。目前，全球尚未有城市实现碳中和，但国外部分城市已绘制出碳中和的时间表、路线图，在减排、除碳等方面积累了丰富的实践经验。为此，本报告研究了阿德莱德、奥斯陆、温哥华等国外典型城市推进碳中和的特色做法，并总结了城市碳中和推进经验对福建省发展的启示。

---

* 杨悦，理学硕士，国网福建省电力有限公司福州供电公司，研究方向为电力营销、能源经济、能源战略与政策；蔡嘉炜，理学硕士，国网福建省电力有限公司福州供电公司，研究方向为电力系统自动化、能源经济、需求侧管理；项康利，工学硕士，国网福建省电力有限公司经济技术研究院，研究方向为能源经济、能源战略与政策。

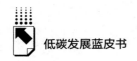
# 一 国外典型城市碳中和推进情况

## （一）阿德莱德以发展高比例清洁能源推动供给侧脱碳

### 1. 城市特点

阿德莱德位于南澳大利亚南部沿海地区，是澳大利亚第五大城市，风光资源丰富，年平均日照时长达 2400 小时，风能可开发量达 1000 万千瓦。阿德莱德已明确于 2025 年前实现净零排放，[①] 成为全球首批碳中和城市。

### 2. 主要做法

一是大力发展风电和光伏。阿德莱德将光伏、风电作为主要的城市能源，与南澳大利亚共同推进风电建设，全州风电装机占比超 41%；同时，阿德莱德以补贴等方式推广光伏发电，截至 2020 年底，市政设施光伏覆盖率达 100%、家庭光伏覆盖率达 41.6%。二是完善配套储能设施。2016 年，受强台风带来的暴雨、冰雹等极端天气影响，阿德莱德所在州 9 座风电场脱网，进而发生全州大停电。为此，阿德莱德近年来加大储能设施建设力度，提高风电场储能配置比例，如北部霍恩斯代尔风电场配套储能 15 万千瓦，占风电装机容量的 47.6%，可为 30 万户家庭供电 1 小时。

### 3. 获得成效

2020 年，阿德莱德风光发电量占总发电量比重已超过 51%，而煤炭、石油发电量占比为 0。2007~2020 年，在人口、经济分别增长 41%、45% 的情况下，阿德莱德全市碳排放总量累计下降 21%，[②] 实现了碳排放增长与经济增长的脱钩。

① "City of Adelaide 2020-2024 Strategic Plan," 27 Aug. 2020, https：//cn. bing. com/search? q = City + of + Adelaide + 2020 - 2024 + Strategic + Plan&form = ANSPH1&refig = 12d25f0ad99e4889aa4149624c55f93a&pc = U531.

② "Tracking City Carbon Emissions," https：//www. cityofadelaide. com. au/about - adelaide/our - sustainable-city/tracking-city-carbon-emissions.

### （二）奥斯陆以发展低碳交通和低碳建筑供暖推动消费侧脱碳

#### 1. 城市特点

奥斯陆是挪威首都，人口数量约为 70 万，交通网络发达，同时该市冬季气候寒冷，最低气温可达到-26℃，建筑供暖需求较大。因此，奥斯陆主要碳排放来自交通、建筑供暖等领域，其中交通碳排放占比达 61%，建筑供暖碳排放占比约为 17%。奥斯陆已明确于 2030 年前实现城市碳中和。[①]

#### 2. 主要做法

一是打造清洁低碳交通体系。一方面，奥斯陆通过提升公共交通工具覆盖率和出行便捷性来减少私家车使用次数，该市公共交通工具由巴士、有轨电车、地铁、短途火车、轮渡等构成，乘客刷卡 1 小时内可任意换乘不同的交通工具。另一方面，奥斯陆积极推广电气化和新能源交通工具，2020 年纯电动汽车、氢燃料电池汽车和可充电混合动力汽车销量合计占新车总销量的 79%，其中纯电动汽车销量占新车总销量的 50% 以上，全市纯电动汽车数量占汽车总量的 22%，人均纯电动汽车保有量位居全球第一。二是全力推动可再生能源供暖。奥斯陆近年来持续减少化石燃料在建筑供暖领域的应用，尽可能采用垃圾焚烧和生物质燃料等可再生能源供暖。2019 年，奥斯陆建筑供暖用油量较 2011 年累计降低了 90%，垃圾焚烧与生物质燃料占全市建筑供暖能源的 80% 以上。并且，奥斯陆已明确提出自 2022 年起全面禁止使用化石能源供暖。

#### 3. 获得成效

2011~2019 年，奥斯陆在人口、经济分别增长 14.0%、35.0% 的情况下，全市碳排放总量累计下降 14.2%，其中建筑供暖碳排放量下降 78.3%，交通碳排放量下降 17.3%。

### （三）温哥华以生态和技术两手抓提升城市碳吸收能力

#### 1. 城市特点

温哥华是加拿大最大的林业产品出口城市，软木产量位居全球第二，纸

---

① "Emissions Reduction Target," https：//carbonneutralcities. org/cities/oslo.

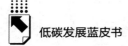

浆产量、出口量均位居全球第一。依托丰富的林业碳汇资源，并辅以技术除碳手段，温哥华计划于 2050 年实现碳中和。

### 2. 主要做法

一是加快建设城市森林。2011 年，温哥华提出最绿城市行动计划，分区域规划植被分布、种植密度，推动政府与民众共同种植，2011~2020 年累计种植 15 万棵树木，城市郁闭度（指林冠覆盖面积与城市地表面积之比）从 18% 提升到 26%。二是支持建设木结构高层建筑。将高龄树木制作成木材能够保存已固定的碳，同时能够腾出空间种植幼苗增强碳汇能力。为此，温哥华积极探索木材在建筑领域的应用，于 2017 年示范建设了北美第一栋混合木结构高层公寓，该公寓高 53 米，共 18 层，固碳约 1753 吨。2020 年，温哥华将居住和商业用途的木结构建筑楼层上限从 6 层提高到了 12 层。三是发展技术除碳并将之纳入核证减排量（CER）。2012 年，温哥华对城市垃圾填埋场气体收集系统进行了优化，以减少温室气体排放，该优化项目投产后两年分别认证了 5.56 万吨和 10.52 万吨 CER 用于抵消碳排放。[①]

### 3. 获得成效

2020 年，不考虑生态和技术除碳情况，温哥华温室气体排放量同比减少 6.5%；考虑生态和技术除碳情况，温哥华城市森林新增固碳 2.4 万吨，城市垃圾填埋场新增除碳 1.2 万吨，推动温室气体减排速度同比提升至 7.9%，有效提升了减排效果。

## 二 相关启示

从国外典型城市推进碳中和的做法来看，大力发展新能源、提高能源效率、提升电气化水平、增强碳汇能力是主要手段。为此，福建省应加强统筹

---

① "Vancouver Landfill Gas Capture Optimization Project—Allocation of GHG Reduction Credits to Metro Vancouver and its Member Municipalities," 20 May. 2016, https：//www. richmond. ca/__ shared/ assets/2015_ Metro _ Vancouver _ Landfill _ Methane _ Capture _ Optimization _ Credits _ Report44373. pdf.

谋划，发挥生态文明示范区建设的经验优势，吸收国内外先进经验，推进城市碳中和。

### （一）强化低碳城市顶层设计

福建省共有 9 个城市（特指地级市），城市之间环境差异、产业差异、资源禀赋差异明显，要有针对性、差异化地谋划城市碳中和发展路径。一是在厦门、福州等商业型城市，明确楼宇建筑能耗标准，推广应用楼宇建筑智能温控系统和智慧用能平台，降低能耗。同时，开展电气化、智能化公共交通体系规划与建设，制定纯电动汽车充换电设施发展中长期规划，打造城市绿色智慧交通。二是在泉州、龙岩等工业型城市，优化工业园区布局，深入调研分析福建省高碳排产业的生产流程，以城市为基本单元聚合高关联度产业，提升资源和能源利用效率。通过给予碳金融、绿色金融政策优惠，鼓励工业园区、工业企业开展能耗咨询、能效提升、能源托管、分布式光伏共建共享等综合能源项目，引导企业主动减排。三是在南平等生态型城市，依托丰富的农林资源，打造碳汇经济、绿色经济产业链，助力乡村振兴。同时，开发农光互补、渔光互补、农林生物质发电等清洁发电项目，为种植业、养殖业提供绿色智慧用能方案，加快推动生态型城市率先实现碳中和。

### （二）因地制宜推动城市供能清洁化

福建省海上风电、核电资源丰富，部分地区光照条件较好。全省海域面积达 13.6 万平方公里，海上风电已勘测可开发量达 7000 万千瓦以上，核电厂址资源累计经济技术可行装机规模达 3300 万千瓦，南部地市光伏利用时长可达 1300~1400 小时。一是因地制宜发展清洁能源。福州、漳州、莆田等沿海城市要加大力度规模化发展海上风电，将海上风电逐步发展为城市供能的"主力军"；宁德、福州、漳州等核电厂址资源较好地区要加大力度发展核电，推动核电成为城市供能的"压舱石"；泉州、漳州、厦门等光伏资源较好地区要因地制宜发展分布式光伏，让光伏发电成为城市减排的"助推器"。二是支持储能与新能源协同发展。发挥福建省电化学储能产业发展优势，严格贯彻

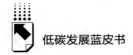
落实新能源发电设施配套建设储能设施的要求，推动"新能源+储能"一体化发展，同时明确储能参与辅助市场、容量市场和现货市场的机制，鼓励社会各界积极参与储能设施投资。与此同时，开展新能源发电、储能、电网之间柔性互动关键技术研究，提升新能源就地消纳水平和电网承载力。

### （三）加快构建智慧低碳城市交通体系

一是提升公共交通服务便捷度。打造完善的公共交通网络，结合出行人次合理提升地铁终点站和附近公交接驳站点的班次密度，引导共享单车企业精准投放单车，加强城市"最后一公里"出行建设。构建完善便捷的综合换乘体系，实现市内和城际公共交通"一码畅行"。建设推广绿色智慧出行一体化服务平台，优化公交、地铁实时定位功能，尝试将市民骑行、步行、乘坐公共交通工具节省的碳排放按比例折算为公交或地铁储值优惠，激励民众绿色出行。二是加快推动新能源交通工具应用和基础设施建设。进一步出台和落实关于城市公共交通、物流运输、市政环卫等领域纯电动汽车应用比例的强制性政策，在私人出行、共享租赁等领域出台纯电动汽车应用支持政策，推动社会各界使用纯电动汽车。同时，在重卡、长距离公路运输、船舶水运等领域加大对氢燃料电池汽车的研发、示范应用力度，促进纯电动交通工具和氢燃料电池交通工具互补融合。

### （四）持续提升城市生态和技术除碳能力

福建省森林、海洋碳汇资源丰富，森林覆盖率达 66.8%，位居全国第一，其中福州、厦门等城市绿化覆盖率达到 45.0% 左右，[①] 城市生态基础总体较好。一是规划构建城市森林系统。因地制宜进行城市绿化建设，对城市绿化覆盖率较低、未充分利用的空余土地，科学规划其种植区域，呼吁市民共同参与城市森林建设，通过免费发放树苗等方式吸引市民积极参与林木种植。开展城市绿色景观改造，通过提升城市中心区域行道树种植密度，进一

---

① 国家统计局城市社会经济调查司编《中国城市统计年鉴 2020》，中国统计出版社，2021。

步挖掘城市森林碳汇潜力。二是支持沿海城市开展海洋碳汇研究。充分发挥福建省的海洋资源优势，支持厦门大学在福州、厦门等沿海城市开展海洋储碳机制、碳汇能力、核算标准与经济价值等方面的研究与试点应用。探索建立海洋碳汇标准体系，明确海洋碳汇核算方法，进一步突破海洋微生物碳汇、海洋负排放等技术，构建并完善海洋碳汇市场交易机制。三是加快推动碳捕获、利用与封存（CCUS）技术革新。在化工、火电等产业聚集的城市，加大对 CCUS 技术研发投入和推广应用力度，持续开展二氧化碳在食品加工、化学品制作等方面的技术攻关，实现 CCUS 技术的产业化、规模化应用，提升城市除碳、用碳能力。

## 参考文献

赵亚萍：《用"智慧"构建绿色建筑》，《机电信息》2020 年第 13 期。

孙秋枫、年综潜：《"双碳"愿景下的绿色金融实践与体系建设》，《福建师范大学学报》（哲学社会科学版）2022 年第 1 期。

王玲俊、陈健：《光伏与农业结合的相关研究综述》，《安徽农业科学》2021 年第 18 期。

谢友泉等：《废弃矿井资源的可再生能源开发利用》，《可再生能源》2020 年第 3 期。

张小辉：《江苏省城市交通高质量发展思考》，《交通企业管理》2021 年第 6 期。

王靖添、马晓明：《中国交通运输碳排放影响因素研究——基于双层次计量模型分析》，《北京大学学报》（自然科学版）2021 年第 6 期。

杨羽婷：《TOD 对城市轨道交通乘客出行行为影响分析——以北京市为例》，硕士学位论文，北京交通大学，2020。

戴家权等：《"双碳"目标下中国交通部门低碳转型路径及对石油需求的影响研究》，《国际石油经济》2021 年第 12 期。

《二氧化碳绿色洁净炼钢技术及应用》，《中国冶金》2022 年第 1 期。

郭雪飞等：《油气行业二氧化碳资源化利用技术途径探讨》，《国际石油经济》2022 年第 1 期。

任杰、曾安平：《基于二氧化碳的生物制造：从基础研究到工业应用的挑战》，《合成生物学》2021 年第 6 期。

赵云、乔岳、张立伟：《海洋碳汇发展机制与交易模式探索》，《中国科学院院刊》2021 年第 3 期。

# B.17
# 英国国家电网公司、法国电力集团促进碳减排经验与启示*

余 栋 张思颖 蔡文悦 李益楠**

**摘 要：** 气候变化促使全球越来越多国家重视电力行业的低碳转型。英国电力、法国电力在低碳发展方面先行开展了较多工作，主要包括：通过科学调整电源结构、加强能源广域配置、促进风电规模传输等，推动安全与低碳齐头并进；通过有序下线六氟化硫设备、大力推广用户能效计划、积极实施虚拟电厂项目，有效降低生产经营排放；通过建立全员减碳标准、开展碳足迹预测管理、释放电碳数据价值，推动全社会清洁用能。为此，建议福建省电力行业借鉴相关经验，从系统转型、生产经营、行为管理三个方面发力，更好地服务于"双碳"目标实现。

**关键词：** 碳减排 电力行业 英国国家电网公司 法国电力集团

## 一 英国电力、法国电力减排目标

英国、法国政府均承诺在 2050 年实现碳中和，英国电力、法国电力作

---

* 英国国家电网公司简称"英国电力"，法国电力集团简称"法国电力"。
** 余栋，工学硕士，国网福建省电力有限公司福州供电公司，研究方向为能源经济、新能源政策与产业发展；张思颖，工程硕士，国网福建省电力有限公司泉州供电公司，研究方向为能源经济、能源战略与政策；蔡文悦，工程硕士，国网福建省电力有限公司厦门供电公司，研究方向为能源经济、能源战略与政策；李益楠，工学硕士，国网福建省电力有限公司经济技术研究院，研究方向为能源经济、能源战略与政策。

为两国电网的主要运营企业，分别于 2017 年和 2018 年公开提出量化减排目标，加速推进电力系统走上减排之路。

## （一）英国电力

英国电力作为英国最大的能源与公用事业公司，主要开展电力、燃气传输和运营业务，业务覆盖区域包括英国本土和美国纽约州、马萨诸塞州及罗得岛州。2017 年，英国电力推出环境可持续发展战略，提出"到 2050 年，公司温室气体排放量较 1990 年减少 80%"的目标（见表 1）。2019 年，英国电力再次提高目标，计划到 2025 年，电力系统具备零碳电源全额消纳能力，并于 2050 年实现公司层面的碳中和。2020 年，英国电力加入了全球"企业雄心助力 1.5℃限温目标行动"，该行动由联合国全球契约组织（UN Global Compact）、碳披露项目（CDP）、世界资源研究所（WRI）和世界自然基金会（WWF）在 2019 年联合发起，呼吁企业向 1.5℃限温目标看齐，并在 2050 年前实现碳中和。

**表 1　英国电力的环境可持续发展战略及目标**

| 主要承诺 | 主要目标 |
| --- | --- |
| 《我们的贡献》<br>（2017 年） | 2020 年目标：<br>（1）温室气体排放量较 1990 年减少 45%<br>（2）再利用所有回收资产<br>（3）至少提高 50 个站点的自然资产价值<br>2050 年目标：温室气体排放量较 1990 年减少 80% |
| 《负责任的商业宪章》<br>（2020 年） | 2030 年目标：碳足迹较 1990 年减少 80%<br>2040 年目标：碳足迹较 1990 年减少 90%<br>2050 年目标：实现净零排放 |

资料来源：https：//www.nationalgrid.com/sites/default/files/docum ents/N G ＿ O urContribution_ PD F＿ Brochure＿ 2017% 20 （1）．pdf；https：//www.nationalgrid.com/docum ent/134426/Download。

## （二）法国电力

法国电力是法国最大的国有电力企业、欧洲最大的能源公司以及全球最大的核电运营商，业务板块涵盖发输配电各个环节、天然气供给以及其他能

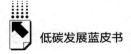

源服务，该企业掌控了法国95%的电力供应业务。法国电力一直是低碳发展的忠实拥护者，2018年初，法国电力提出"2030年前实现直接二氧化碳排放量比2017年减少40%"的目标。2020年初，法国电力加入了全球"企业雄心助力1.5℃限温目标行动"，承诺按照《巴黎协定》提出的"到本世纪末把全球平均气温较工业化前水平上升幅度控制在2℃以内，并努力把温升幅度限制在1.5℃以内"的目标来发展业务，以求将全球气温上升幅度控制在比工业革命之前高1.5℃的水平上；同时，计划于2050年实现碳中和。

## 二 英国电力、法国电力促进碳减排的主要经验

### （一）系统转型方面

#### 1.削减煤电利用时长

2015年，英国政府推出"去煤计划"，拟于2025年关停境内所有煤电厂。为此，英国电力一方面积极发挥自身运营的7660公里天然气管道传输优势，积极推动以气代煤，将气电作为稳定供能的"压舱石"；另一方面优先支持核电、风电等清洁能源发电。2020年，英国煤电、天然气、核电和风电发电量占比分别为1.44%、34.78%、17.35%和24.48%，其中，煤电发电量占比较2015年减少22.50个百分点（见图1）。依靠天然气等清洁能源大幅出力，2020年仅有两家煤电厂接入英国电网，英国电力也创下了连续68天无煤运行、全年无煤用电时长达5147小时的纪录。[①]

#### 2.科学调整电源结构

在安全合理的前提下，提高新能源占比，是能源清洁转型的关键。为了推动安全与低碳齐头并进，英国在发展新能源的同时仍为电力系统配置了充足的常规电源。2020年，英国新能源装机容量、发电量占比分别达45%、

---

① "2020 Greenest Year on Record for Britain," 12 Jan. 2021, https：//www.nationalgrid.com/stories/journey-to-net-zero-stories/2020-greenest-year-record-britain.

36%，已成为电力电量主体；但与此同时，常规电源装机容量仍达 5120 万千瓦，[①] 足以承载 85% 的最大负荷。

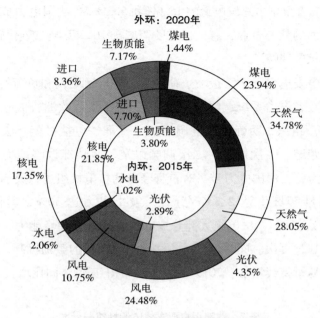

**图 1　2015 年和 2020 年英国电量结构对比**

资料来源：https：//electricinsights. co. uk/#/dashboard？ period＝1-year&start＝2020-01-01&&＿ k＝5m39fi；https：//electricinsights. co. uk/#/dashboard？ period＝1-year&start＝2015-01-01&&＿ k＝4nl1zc。

### 3. 加强能源广域配置

2019 年，法国凭借高达 71% 的核电发电量占比，[②] 将平均度电碳排放降至 56 克/千瓦时，仅为欧盟（294 克/千瓦时）的 19%，[③] 福建省（393 克/千瓦时）[④] 的 14%。为了加强能源广域配置，发挥跨区能源互为备用、余缺互补、

---

① "Drax Electric Insights," 16 Jun. 2022, https：//electricinsights. co. uk/#/homepage？ &＿ k＝jrzmwn.

② https：//bilan-electrique-2019. rte-france. com/total-generation/.

③ "Greenhouse Gas Emission Intensity of Electricity Generation by Country," 29 Jul. 2021, https：//www. eea. europa. eu/data - and - maps/daviz/co2 - emission - intensity - 9/# tab - googlechartid＿ googlechartid＿ googlechartid＿ googlechartid＿ chart＿ 11111.

④ 数据由笔者测算获得。

应急互济的作用，法国电力通过 50 条跨国线路与德国、英国、意大利、西班牙等国相连，2019 年净出口电力 557 亿千瓦时，送出 840 亿千瓦时、受入 283 亿千瓦时，二者分别占总发电量的 15.6% 和 5.3%，[1] 法国电力成为欧洲大陆电力输送方面的核心企业，有效促进欧盟减排 1012 万吨二氧化碳。[2]

### 4. 挖掘核电调峰潜力

法国核电发电量远大于最大负荷峰谷差，电源结构和负荷特性决定了核电机组必须具备电力系统调峰能力。早在 1991 年，欧洲就成立了欧洲用户要求（EUR）组织，明确了核电调峰统一标准，包括对英、法等国核电机组的日负荷跟踪、一次调频、二次调频以及紧急情况调峰能力的具体要求（见表 2）。为此，法国电力带头对自身经营的核电机组进行灵活性改造，改造后的压水堆爬坡率达 2.33%/分钟，最小出力达 30%，远低于福建省（60%~80%）。目前，法国绝大部分核电机组具备日调峰能力，部分机组年调峰次数可超过百次。同时，受益于法国电力市场的激励机制，核电机组参与调峰的交易量持续增加，2019 年达 1330 亿千瓦时，同比增长 25%。[3]

**表 2　欧洲用户要求核电调峰统一标准**

| 序号 | 运行方式 | 调峰要求 |
|------|----------|----------|
| 1 | 日负荷跟踪 | 在前 90% 的燃料周期内，能够在 50%~100% 额定容量内，以每分钟 3% 额定容量的调节速率实现负荷跟踪，但年累计跟踪次数不得超过 200 次 |
| 2 | 一次调频 | 能够在 ±2%~±5% 额定容量内，以每秒钟 1% 额定容量的调节速率调整出力，使得电网频率稳定在标准频率 ±200 毫赫兹范围内至少 15 分钟 |
| 3 | 二次调频 | 能够在 ±10% 额定容量内，以每分钟 1%~5% 额定容量的调节速率调整出力 |
| 4 | 紧急情况 | 能够以每分钟 20% 额定容量的调节速率降功率至最小出力位置运行 |

资料来源：郑宽等《"十三五"期间核电参与电网调峰前景分析》，《中国电力》2017 年第 1 期。

---

[1]　https：//bilan-electrique-2019.rte-france.com/net-commercial-exchanges/？lang=en.

[2]　数据由笔者根据欧盟和法国碳排放数据测算获得。

[3]　"RTE Electricity Report 2019，" https：//bilan-electrique-2019.rte-france.com/wp-content/uploads/2020/05/pdf_ BE201_ EN-1.pdf.

### 5. 促进风电规模传输

英国计划于 2030 年将海上风电装机容量提升至 4000 万千瓦。随着海上风电向大规模深远海推进，传统的点对点海上风电场并网模式将引发一系列问题，如通道资源不足、接入成本增加、并网质量下降等。为此，英国电力以共享连接为核心，研究推出全新接入方案，通过建立集中式大型海上换流平台，实现多个风电场的能量汇集，并利用共享海底高压直流电缆将电能传输回岸上，在充分发掘海上风电资源的同时，有效减少 50% 的基础设施投入。

## （二）生产经营方面

### 1. 有序下线六氟化硫设备

六氟化硫是电网环节碳排放的重要来源之一，每吨六氟化硫产生的温室效应相当于 2.39 万吨二氧化碳。为此，英国电力积极探索六氟化硫可替代气体，通过将 $3M^{TM}Novec^{TM}4710$① 绝缘气体与一定比例二氧化碳混合形成新型气体混合物 $g^3$（每吨气体产生的温室效应相当于 345 吨二氧化碳）以替代六氟化硫。同时，英国电力承诺到 2028 年不再新增含六氟化硫的设备，到 2050 年下线全部六氟化硫设备。2017 年，英国电力首条填充 $g^3$ 的 420 千伏六氟化硫气体绝缘金属封闭管道母线输电线路（GIL）正式投运，长度 230 米，预计全寿命周期二氧化碳排放当量将由 7200 吨缩减至 48 吨，下降 99.3%。法国电力则致力于六氟化硫泄漏管控，于 2004 年签署降低中高压电力系统六氟化硫排放量的自愿协议，通过加强运维、系统监测等举措管控变电站设备的六氟化硫泄漏；并于 2018 年再次加大力度，计划在 15 年内投入 6.3 亿欧元，关闭 20 个含有六氟化硫设备的老化变电站，并在新建变电站中尽量避免采用含六氟化硫的气体绝缘封闭组合电器（GIS）设备。

---

① $3M^{TM}Novec^{TM}4710$ 是六氟化硫的环保型替代气体，在一定压力下，其相对介电强度比六氟化硫大 2 倍，具有优秀的绝缘性能，且使用温度区间宽，相较于六氟化硫可以显著减少对环境的负面影响。

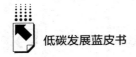

## 2. 大力推广用户能效计划

鉴于纽约州、马萨诸塞州及罗得岛州 33.2%[①]的二氧化碳排放量来自居民和商业用户，英国电力在美国积极推出电力和天然气用户能效计划，致力于为 2000 万人提供更为清洁经济的能效提升方案。其所提供的用户能效计划服务种类多样，针对不同客户群体提供个性化能效评估和节能改造、冷热电高效联供、智慧家居设计施工等服务，并通过奖励机制引导用户选购节能家居产品。2019 年，该用户能效计划为 3 个州用户节省超过 14 亿千瓦时的电力和相当于 15.7 万吨标准煤的天然气，合计减少二氧化碳排放 89 万吨。[②]受益于此，在美国能效经济委员会（ACEEE）组织的评比中，3 个州的能效水平常年位列全美前五。

## 3. 积极实施虚拟电厂项目

为促进分布式可再生能源消纳，法国电力通过聚合用户侧的分布式光伏、电动汽车、可控负荷和家庭储能等设备，构建虚拟电厂，并将其整体接入电力市场，有效推动资源配置合理优化。其主要措施有以下 3 个。一是合理组合可再生能源和储能资源，通过对电力生产消费、市场价格、电网电压等进行精准预测，将可再生能源和储能资源组合起来参与电力市场，在保障可再生能源发电量的同时提高储能资源用户的收入。二是与一些有志于低碳转型的大型企业签订绿色电力供应合同（见表 3），进一步拓展分布式可再生能源消纳渠道。三是聚合调控用户侧可控负荷，帮助用户及时跟踪市场需求，参与需求侧响应，从而在为用户节省电费的同时促进可再生能源发电。截至 2020 年底，法国电力已经聚合了 2.23 万台用户侧设备，总装机容量达 400 万千瓦，法国电力通过虚拟电厂增发可再生能源发电量 40 亿千瓦时，占全年可再生能源总发电量的 7.7%。[③]

---

① "Energy-Related CO₂ Emission Data Tables," 13 Apr. 2022，https：//www.eia.gov/environ ment/emissions/state/.

② "Performance-Environmental Sustainability," https：//www.nationalgrid.com/responsibility/envir onment/environmental-sustainability/performance-environmental-sustainability.

③ "Donnez Toute Leur Valeur À vos Actifs Énergétiques," https：//www.agregio.com/?_ga = 2.146158132.1436140412.1631148107-723152762.1630541839.

**表 3　法国电力与其他企业签订的绿色电力供应合同情况**

| 签订时间 | 签约企业 | 合同期 | 合同内容 |
|---|---|---|---|
| 2019 年 3 月 | 麦德龙公司 | 3 年 | 约定合同期内法国电力向签约企业供应绿电 2500 万千瓦时 |
| 2019 年 11 月 | 兴业银行 | 3 年 | 约定合同期内法国电力每年向签约企业供应绿电 2700 万千瓦时 |
| 2021 年 2 月 | 巴黎大众运输公司 | 3 年 | 约定合同期内法国电力向签约企业供应绿电 17000 万千瓦时 |

资料来源：https：//www. edf. fr/groupe - edf/espaces - dedies/journalistes/tous - les - com% 20m% 20uniques−de−presse/le − groupe − edf − et − m% 20etro − france − signent − un − contrat − inedit − pour − un − approvisionnem%20ent − en − energie − d − origine − eolienne；https：//www. so. com/s? ie = utf − 8&src = 360se7_ addr&q = https%3A%2F%2F www. societegenerale. com+%2Ffr%2F − actualites%2Fnewsroom+% 2Fsociete−+ generale − et − edf − signent − le−+ prem + ier − contrat − + dapprovisionnem + ent − en；https：// www. edf. fr/groupe−edf/%20espaces−dedies/journalistes/tous−%20les−com% 20m% 20uniques−de−presse/ la−%20ratp−et−edf−signent−leur−%20prem%20ier−contrat−d−electricite−%20renouvelable。

## （三）行为管理方面

### 1. 建立全员减碳标准

为引导员工绿色生产生活，2020 年法国电力推出了与薪资挂钩的"碳中和环境意识"标准，在出行、办公等方面为员工设定减排目标。其中，出行方面，2020 年，法国电力在原有 3800 多辆电动汽车的基础上，添置了 1500 辆电动汽车，同时还加大力度投资办公场所电动汽车的充电基础设施，鼓励员工绿色出行；办公方面，法国电力重点倡导员工利用远程会议替代现场会议、减少非必要的纸张打印及一次性用品使用等。此外，法国电力将生产经营过程中的碳排放量管控纳为管理人员年度绩效考核指标，占比达 10%，以确保减排措施得以落实。2019 年和 2020 年法国电力办公行为产生的碳排放量见图 2。可以看出，2020 年法国电力办公行为产生的碳排放量同比下降 17.2%。

### 2. 开展碳足迹预测管理

为深化绿色供应链建设，英国电力开发了项目碳足迹预测工具。在项目招标阶段，英国电力要求所有潜在供应商通过该工具完成项目实施过程中的碳足迹预测，借此量化评估各潜在供应商的具体举措与使用材料带来的减排效益，并

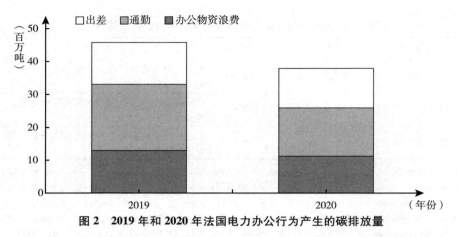

图2 2019年和2020年法国电力办公行为产生的碳排放量

资料来源："Assessment of Greenhouse Gas Emissions——EDF Group 2020," https://www.edf.fr/sites/default/files/contrib/groupe-edf/engagements/2021/edfgroup_bilan-ges_groupe-edf_2020_va.pdf。

将此纳入招标评价范畴。如在温布尔登变电站建设中，通过事前评估，供应商选择使用低碳混凝土、回收钢材等减排材料，这使该项目实际碳排放量较传统实施方案减少23%；在米德尔顿变电站扩建中，通过优化设计、减少垃圾运输填埋和资源集约高效使用，该项目预计减少40%的六氟化硫排放和10%的二氧化碳排放。

3. 释放电碳数据价值

为推动全社会清洁用能，英国电力协同欧洲环境保护基金、世界自然基金会和牛津大学，研究开发了全球首个电碳强度预测网站，[①] 通过机器学习和电力系统建模，以30分钟的时间分辨率，预测英国各地区未来96小时的用能需求、电源出力结构，据此推算分时段电碳强度。在此基础上，英国电力进一步开发手机应用程序 WhenToPlugIn，并配套推广带信号提示灯的LIFX 低能耗灯泡，借助应用程序与 LIFX 绿灯信号提醒并引导用户选择低碳时段用电。截至2021年底，电碳强度预测网站广受用户关注，每月最高点击量超1000万次；测算表明，若100万名英国人按提示在清洁能源多发时间使用洗衣机与烘干机，每年将减少二氧化碳排放量24万吨。

① "Carbon Intensity API," https://carbonintensity.org.uk.

## 三 相关启示

### （一）系统转型方面

#### 1. 留足常规电源并发挥其兜底保障作用

科学规划常规电源容量，通过合理的冗余，保障新能源为主体时，电力系统仍能安全运行。一方面，发挥福建省核电厂址资源优势，将核电作为煤电的主要替代电源，使之成为能源供应新的"压舱石"。另一方面，推动煤电加快"转角色"而非单纯"去容量"，实施煤电清洁、灵活改造，扩大"退而不拆"的应急备用煤电规模，确保其在必要时刻发挥兜底保障作用。

#### 2. 放大东南清洁能源大枢纽优势

福建作为东南区域唯一一个清洁能源外送型省份，其枢纽位置不可替代。建议省政府对接国家发改委、生态环境部等相关部门，沟通、汇报打造东南清洁能源大枢纽对促进全国碳达峰碳中和工作的重大意义，力争国家从战略高度予以支持，形成"高位推动"的良好态势。

#### 3. 助力海上风电规模化、集群化发展

鼓励电网公司、发电企业及风电装备制造企业加强合作，依托金风海上风电国家级研发中心，聚力攻克大规模海上风电汇集接网、深远海风电直流并网等关键技术，加快推进研究成果试点应用，满足福建省未来千万千瓦级海上风电发展需要。

### （二）生产经营方面

#### 1. 加强六氟化硫气体管控

按照"统一回收、统一净化、统一检测"的原则，加强六氟化硫气体回收处理全过程数字化管控，利用区块链等数字技术实现六氟化硫气体全寿命周期精准跟踪、计量，大力发展六氟化硫高性能回收回充技术，加强回收处理、循环再利用和环境无害化处置。

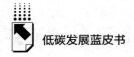

### 2.布局基础设施节能降碳

以福州都市圈、厦漳泉都市圈建设为契机，实施城市节能降碳工程，针对建筑、交通、照明、供热等传统基础设施，重点提供能效诊断、节能升级改造等服务；针对数据中心等新型基础设施，探索利用虚拟电厂提供"分布式可再生能源+储能资源"等综合供能服务。

## （三）行为管理方面

### 1.加紧突破基础性碳管理技术

依托东南能源大数据中心，深度挖掘电力数据价值，综合运用"大云物移智链"等技术，探索及开展碳足迹溯源、碳排放监测、碳转移核算等前沿技术及方法研究。在此基础上，加快推出碳排放可视化产品，提前公布电力系统排放短时预测资讯，引导用户低碳用能。

### 2.研究建立综合性碳指标体系

建议政府尽快建立低碳供应商评价体系，为低碳供应商发放认证标志。在此基础上，在新建电力设施招标环节引入碳权重作为关键考核指标，量化评价供应商提供低碳产品和服务的能力，促进电力上下游企业加大转型力度。

## 参考文献

姚子麟：《核电参与浙江电力市场关键问题分析》，《中国核电》2020 年第 1 期。

景锐、周越、吴建中：《赋能零碳未来——英国电力系统转型历程与发展趋势》，《电力系统自动化》2021 年第 16 期。

Morilhat P. et al. , "Nuclear Power Plant Flexibility at EDF," *ATW* 3（2019）.

# B.18
# 2021年全球能源短缺情况分析报告

项康利　陈冠南*

**摘　要：** 2021年全球发生了能源短缺，国内外经济发展均受到不同程
度的冲击。此次全球能源短缺表现为能源价格全面飙升、能
源供需明显紧张、影响范围较大等特点。原因上，经济复苏、
天气变化、能源低碳转型等是主要因素；影响上，此次全球
能源短缺压缩了福建省企业利润空间、拉低了全省经济增速、
加大了全省电力保供压力。下一步，福建省要吸取此次全球
能源短缺的相关教训，从能源电力转型、政府和市场协同、
电力系统抗风险能力提升等方面进一步巩固和夯实能源电力
安全供应基础。

**关键词：** 全球能源短缺　能源价格　低碳转型　新能源

## 一　全球能源短缺的主要特点及原因

### （一）主要特点

#### 1.能源价格全面飙升，天然气涨幅最大

原油价格方面，截至2021年底，代表国际原油价格风向标的Brent原

---

* 项康利，工学硕士，国网福建省电力有限公司经济技术研究院，研究方向为能源经济、能源
战略与政策；陈冠南，经济学博士，国网福建省电力有限公司经济技术研究院，研究方向为
能源经济、西方经济学。

油、WTI 原油①价格分别突破了 516 元/桶②、505 元/桶，同比增长了 69%、65%，均为历史最大涨幅。煤炭价格方面，印度尼西亚为全球最大的动力煤出口国，其动力煤价格从 2021 年 3 月的 382 元/吨涨至 9 月的 1274 元/吨，涨幅达 2.3 倍，③ 且受国内需求影响，印度尼西亚于 2022 年 1 月 1 日至 31 日期间禁止出口煤炭，进一步拉高了全球煤炭价格。中国为全球最大的煤炭生产国和进口国，2021 年底中国动力煤平均价格约为 882 元/吨，同比增长了 27%。天然气价格方面，全球主要市场的天然气价格均创历史新高。2021 年，欧洲天然气价格最高涨幅达到 729%，是全球天然气价格涨幅最大的地区；亚洲中韩国、日本、印度涨幅分别为 170%、80%、30%；美国涨幅超过 200%，达到 10 年来最高水平。电力价格方面，由于欧洲 50% 的电力来自天然气发电，大部分地区电力价格受天然气价格带动上涨了 5~9 倍，2021 年 12 月英国电力价格约为 2.5 元/千瓦时，是常年电力价格的 6.3 倍；美国得州、加州电力价格也有较大涨幅，分别上涨了 300%、147%。

2. 能源供需明显紧张，部分区域出现缺口

欧洲能源供给以天然气为主且 75% 以上依赖进口，2021 年 12 月欧洲天然气存储设施的负荷水平仅为 75%，较平时低 16%，为 2011 年以来最低。其中，科索沃自 2021 年 12 月开始实施 2 小时轮流断电，预计其缺电问题将持续到 2023 年。美洲地区，截至 2021 年 10 月 29 日，美国天然气库存量为 0.1 万亿立方米，较上年同期下降 8%。亚洲主要地区煤炭库存大幅减少、部分地区发生停电，2021 年 10 月，印度 135 家煤电厂的平均电煤库存仅为 4 天，比夏季常值低 9 天，其中超过半数的煤电厂库存不足 3 天。2021 年 9~10 月，中国 20 多个省份出现了电力电量缺口。

---

① Brent 原油：出产于北大西洋北海布伦特地区，是市场油价的标杆。WTI 原油：美国西得克萨斯的轻质原油，其价格是世界原油市场上的基准价格之一。

② 1 桶=0.137 吨。

③ 本报告能源价格、全球经济数据来自 Wind 数据库。

### 3. 影响范围较大，欧洲成为集中区

截至 2021 年下半年，全球已有 30 多个国家和地区在不同程度上受到能源短缺和能源价格飙升的影响，欧洲最为明显。其中，英国、法国、德国、西班牙等主要发达经济体能源价格均大幅飙升，且持续居高不下，使欧洲成为此次全球能源短缺受影响最大的地区。亚洲地区，印度旁遮普邦首府昌迪加尔长期遭遇电力短缺，每天停电 10~15 小时；中国部分地区出现短暂的能源短缺情况，在实施了有序用电后有所缓解。美国在能源短缺情况下天然气自给量增加，总体上受全球能源短缺影响较小。

## （二）主要原因

### 1. 能源需求受经济复苏和气温影响快速攀升

一是经济快速恢复带动能源需求快速增长。2021 年以来，主要发达经济体民众大规模接种新冠肺炎疫苗，各国加紧对经济进行恢复，对能源的需求甚至超过疫情前水平。2021 年全球 GDP 增速为 5.6%，同比提升 9.2 个百分点，全球能源需求同比增长 4.6%，高于疫情前水平 0.5 个百分点，增速提升 8.6 个百分点。其中，2021 年美国 GDP 增速为 5.7%，创 1984 年以来的最高值；英国增长 2.7%，恢复至疫情前水平；印度增长 9.0%，为全球主要发达经济体中最高；中国增长 8.1%，从增长速度上来说，已经基本恢复甚至超越疫情前水平。

二是气温冬低夏高进一步拉高能源消费需求。夏季，美洲经历了一次空前的高温，其中加州最高气温超过了 54.4℃，打破了最高气温纪录。冬季，美国中部地区平均最低气温较常年同期偏低 8℃~16℃，俄罗斯莫斯科城区积雪厚度超过 60 厘米，打破了 1956 年积雪厚度的纪录，希腊北部地区科扎尼气温低至-19.9℃。[①]

### 2. 能源供给受低碳转型和天气影响显著下降

一是低碳转型导致传统化石能源供应压缩。化石能源产量方面，欧洲天

---

① 资料来源：世界气象组织数据库。

然气自产量占需求量的比例不断降低，由 2018 年的 46.0% 降至 2021 年的 37.4%。化石能源发电方面，欧洲部分国家近年来大幅压缩煤电占比以加快脱碳进程。2010~2020 年，英国煤电发电量占比由 28% 骤降至 2%，德国煤电发电量占比由 43% 降至 25%。2021 年，全球煤电和气电发电量分别为 9421 亿和 6268 亿千瓦时，同比下降 4.3% 和 0.5%。

二是极端气候导致新能源发电断崖式下降。欧洲水电、风电、太阳能发电量在电力系统中的总占比高达 28%，在能源供应体系中占据了重要地位。2021 年受气候异常影响，欧洲北海来风不佳，1~9 月欧盟风电发电量较上年同期下降约 17%，其中 7~9 月英国风电发电量较上年同期下降约 25%。巴西约 60% 的电力来自水力发电，2021 年上半年，巴西出现 1991 年以来最严重的干旱，水库水位下降到 17%，导致了水力发电崩溃，加剧了电力供应紧张。

## 二 全球能源短缺对福建省的影响

### （一）生产材料全面涨价，福建省经济增长受到影响

能源是生产的重要支撑，作为原料是化工、纺织行业的上游，作为燃料是生产生活的一大要素。能源价格全面飙升下，中国大宗商品、主要流通商品价格均大幅上涨，但终端销售产品价格上涨幅度有限，截至 2021 年底，中国不锈钢、塑料、镀锌板等原材料价格分别同比增长 24%、28%、29%，远低于煤炭、石油、天然气价格的涨幅。福建省是煤炭、石油等原材料的下游产品大省，2021 年平板玻璃产量为 5513 万吨，分别是浙江省和江西省的 1.2 倍和 19.5 倍，规模位居全国第六；乙烯产量为 211.9 万吨，是浙江省的 11.8 倍，规模位居全国第五；纱、布、化纤产量分别位居全国第一、第一、第三。① 总体上，福建省主要工业产品所需的原材料价格涨幅明显高于

① 《中国统计年鉴 2021》，中国统计出版社，2021。

产出的产品价格涨幅，企业利润空间明显压缩，虽然生产活动有所恢复，但是产生的经济增加值恢复速度不如预期，2021 年全省 GDP 增速仅为 8%，低于全国 0.1 个百分点，低于全省用电增速 6.2 个百分点。

### （二）能源电力供应紧张，电力保障任务更加艰巨

2021 年福建省最大用电负荷同比增加 439.4 万千瓦，[①] 增速为 10.4%；新增电力装机 611.7 万千瓦，其中新增燃煤发电、核电等稳定电源仅 188.9 万千瓦，新增风电、光伏等新能源电力装机达 323.5 万千瓦，无法满足负荷的刚性增长需求。与此同时，福建省 2021 年为枯水年，水电发电量同比下降 6.4%，进一步增加了电力保供的压力。

## 三　相关建议

### （一）立足基本省情推动能源电力转型

欧洲部分国家实施激进的"去煤计划"是全球能源短缺的重要原因之一。为应对电力短缺，英国提出重启燃煤发电、瑞典提出重启燃油发电。福建省电力供应仍然以煤电为主，在 2021 年最大负荷时段，煤电满足了全省半数以上的高峰负荷需求。此外，福建省大部分煤电具备 50% 以上的调峰能力，在灵活性调节方面发挥了重要作用。因此，要统筹好传统化石能源和新能源发展，立足以煤炭为主的基本现状，有序迈出替代步伐，近期仍然要重点发挥煤炭等化石能源的基础支撑和兜底保障作用。

### （二）充分发挥政府和市场的协同作用

一方面，政府要对能源价格高涨进行一定的干预，限制一次能源和终端能源价格水平，对能源生产企业加强监督，在能源紧张情况下推动煤炭生产

---

① 数据来源于国网福建省电力有限公司。

商增产增供、燃煤电厂和气电厂等应发尽发，确保能源供给和能源价格合理运行，同时对中小企业实施税费减免和财政补贴等扶持措施，避免企业生产受到影响。另一方面，要健全完善电力市场机制，发挥电力市场在能源供应紧张下的调节和价格传导作用，推动供给侧能源成本能够及时向消费侧传导，有效引导高耗能企业合理错峰生产或适当减产、停产，通过市场实现能源供需平衡。

### （三）增强能源电力系统的抗风险能力

一是加快构建新能源供给消纳体系。全面梳理福建省可开发的海上风电场址，开展深远海海上风电项目规划，打造千万千瓦级海上风电基地；科学制定全省煤电"三改"方案，推动煤电成为新能源发展的重要支撑；加快建设闽粤联网工程、福州—厦门1000千伏特高压交流工程等，确保新能源全额消纳和安全稳定运行。二是发挥核电在福建省的"压舱石"作用。持续扩大沿海核电优势，稳妥推进漳州核电、霞浦核电等大型核电项目，积极推动现有核电基地扩大规模并列入国家规划，储备1~2个新建站址，推动核电作为煤电的主要替代电源。三是构建电力供需预警及应急机制。建立电力供需平衡预警和煤炭供需平衡预警体系，动态修订能源电力供应应急制度和标准，建立健全政府主导、行业共担、社会参与的大面积停电应急机制，强化能源电力供应应急主体责任，特别要进一步明确和提高重要用户应急电源配置标准。

**参考文献**

国网能源研究院有限公司编著《全球能源分析与展望（2020）》，中国电力出版社，2020。

〔法〕让·马里埃·席瓦利、帕特里斯·杰弗伦：《新的能源危机——气候、经济学和地缘政治》，彭文兵等译，上海财经大学出版社，2015。

# Abstract

*Annual Report on Fujian Carbon Peak and Carbon Neutrality* (2022) is the achievement of the research on carbon peak and carbon neutrality carried out by State Grid Fujian Economic Research Institute. This book summarizes, concludes and combs the overall carbon emission situation of Fujian Province in 2021, analyzes the carbon control and carbon reduction measures of Fujian Province in 2021 combined with the construction of the carbon market, the increase of carbon sinks and the development of low-carbon technologies, and discusses the situation of Fujian to build Southeast Energy Big Data Center, develop new energy industry and establish a green, low-carbon and circular economy. From the perspective of the Carbon Border Adjustment Mechanism (CBAM) of European Union (EU), international carbon peak and carbon neutrality, power system development in Germany, experience of carbon neutrality in typical foreign cities, carbon emission reduction of electricity group in Britain and France, global energy shortage, this book analyzes the international situation of carbon emission reduction and the relevant inspiration, to support the goal of carbon peak and carbon neutrality as a think tank. The book consists of four parts, namely the general report, the sub-reports, the energy governance chapter, and the international reference chapter.

This book points out that, driven by rapid economic development, total carbon emissions in Fujian maintained an upward trend in 2019, with a year-on-year growth of 6.4%. The four fields of power and heating supply, manufacturing, residential life and transportation are still the largest sources of carbon emissions in the province. Fujian is expected to reach carbon peak in 2030, 2028 and 2026 respectively under the scenarios of baseline, accelerated

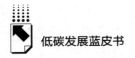
transformation and deep optimization. In 2021, Fujian attached great importance to the development of carbon sinks, and took the lead in establishing the forest chief system, releasing the forestry carbon tickets and carbon sinks funds, and launching carbon sink application scenarios such as conference carbon neutrality, "One-yuan carbon sinks" applet, forestry carbon sink index insurance, "ecological justice + carbon sinks", and carbon neutral air tickets, etc. In 2021, Fujian pilot carbon market was integrated with the national carbon market. Fujian witnessed the rapid development of clean energy such as wind power, photovoltaic power and nuclear power. The installed capacity of wind power reached 7.35 million kW, with a year-on-year growth of 51.2 percent; the installed capacity of photovoltaic power reached 2.77 million kW, with a year-on-year growth of 36.9 percent; and the installed capacity of nuclear power reached 9.86 million kW, with a year-on-year growth of 13.2 percent. It is expected that the wind power, photovoltaic power and nuclear power in Fujian will maintain a sustained and steady growth in 2022, continuously enhancing clean power for carbon peak and carbon neutrality. In 2021, Fujian issued relevant policies proposing to promote the energy-saving transformation of high energy-consuming industries, to expedite the cultivation of new industries, to facilitate the green and low-carbon upgrade of industrial structure, completed the statistical monitoring system for carbon emissions, accelerated the construction of low-carbon standard evaluation system, put forward measures to speed up the research on Marine carbon sink investigation and accounting methodology and to continuously improve carbon sink capacity of the ecosystem, proposed to encourage the development of low-carbon technologies by market-oriented means, continued to deepen low-carbon pilot program, and actively explored low-carbon development paths. In general, Fujian stepped into new phases in green economy, green transportation, green energy and green finance in 2021. The construction of green manufacturing system has been accelerated, the development of new drivers and new industries has been sped up, the low-carbon supply has been deepened, the clean energy-using of end users has been continuously improved, the construction of the green finance sharing platform has been expedited, the green finance products have been released in succession, carbon control work has been steadily promoted.

Energy governance is the key to carbon peak and carbon neutrality. Product carbon footprint and methane emission reduction are important supplements to promote carbon peak and carbon neutrality. This book points out that the exploitable capacity of offshore wind power has reached more than 70GW as surveyed, and the economically and technologically feasible installable capacity of nuclear power has reached 33GW. Located at the intersection of the Yangtze river delta, Guangdong-Hong Kong-Macao Greater Bay Area, etc., Fujian can further build a southeast clean energy hub, boost new energy industries upgrading with four-wheel drivers of wind, photovoltaics, storage, and hydrogen, and contribute to nationwide carbon peak and carbon neutrality. In terms of product carbon footprint, there are mature evaluation standards abroad. Relevant standards have been published in China, with limited types of products; Fujian has not carried out any relevant research. In terms of methane emission reduction, many countries and regions began to pay attention to this strong kind of greenhouse gas since the 21st century, which accounts for about 10% of greenhouse gas emissions. China has focused on methane emission reduction at the national level since 2021.

The international work on carbon emission reduction has accumulated rich practical experience. This book points out that European Commission formally proposed CBAM legislation draft in July 2021 to impose carbon tariffs on some imported goods in EU, which may to some degree have a negative impact on the international trade environment and the export trade structure and mode of Fujian Province. In 2021, 54 countries worldwide has reached carbon peak. Germany constructed a power system adapting to new energy in the sides of source, grid, and load. Some international cities like Adelaide, Oslo, and Vancouver have explored carbon neutrality paths for cities. There is a global energy shortage because of energy transformation, temperature and climate, economic recovery, etc. All above have brought rich experience and inspiration for promoting carbon peak and carbon neutrality in Fujian Province.

Carbon emissions in Fujian are still in the rising stage. This book suggests that Fujian should complete top-level design, break through the key areas of energy, industries and energy efficiency, improve policy mechanisms, and form a "1+3+1" synergy to promote high-quality carbon peak and strive for favorable conditions

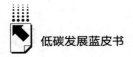

for carbon neutrality, taking the opportunity for provincial action plan formulation of carbon peak and carbon neutrality. First, Fujian should formulate overall plans for the strategic layout of carbon peak and carbon neutrality, establish and complete the policy system, accelerate the system improvement of the green and low-carbon transformation development, and promote the pilot construction of carbon peak. Second, Fujian should vigorously promote clean and low-carbon development, improve the cleanliness of the supply side and the low-carbon level of the consumption side, and promote the construction of New Type Power System. Third, Fujian should spare no efforts to ensure the industry to achieve carbon peak first, resolutely curb the blind development of high energy-consuming and high carbon-emission industries, facilitate the green transformation of traditional manufacturing, and vigorously develop strategic emerging industries. Fourth, Fujian should exert all strengths to promote the green transformation of the society, improve the management mechanisms for energy conservation, implement urban energy-saving projects, and enhance energy conservation in new infrastructure. Fifth, Fujian should comprehensively ensure the implementation of carbon peak and carbon neutrality, establish a statistical monitoring system for carbon emissions, explore a carbon footprint tracking system, optimize the supervision and control system, improve fiscal, tax and financial policies, and improve market-oriented trading mechanisms.

**Keywords**: Carbon Peak; Carbon Neutrality; Fujian Province

# Contents

## I    General Report

**Abstract**: In 2021, the progress of carbon peak and carbon neutrality has been accelerated. Six international meeting has been convened in succession. China has launched guiding document and general action guidance for carbon peak and carbon neutrality. Fujian stepped into new phases in green economy, green transportation, green energy and green finance. In the Economy field, the construction of green manufacturing system has been accelerated, the development of new drivers and new industries has been sped up, the energy conservation in the industry has been deeply promote; in the energy field, the low-carbon supply has been deepened, the clean energy-using of end users has been continuously improved; in the transportation field, "electrification in Fujian" action has been deepened; in the finance field, the construction of green finance sharing platform has been expedited, the green finance products have been released in succession. But carbon emissions in Fujian are still in the rising stage in the meantime. Next, Fujian should complete top-level design, break through the key areas of energy, industries and energy efficiency, improve long-term mechanisms and form a "1+3+ 1" synergy to promote high-quality carbon peak and strive for favorable conditions

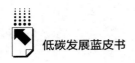

for carbon neutrality, taking the opportunity for provincial action plan formulation of carbon peak and carbon neutrality.

**Keywords**: Carbon Peak; Carbon Neutrality; Green Transformation

# II  Sub Reports

**B**.2  Analysis Report on Fujian Carbon Emissions in 2022

*Zheng Nan, Chen Jinchun and Li Yuanfei* / 020

**Abstract**: Driven by the rapid economic development, the total carbon emissions in Fujian Province maintained an upward trend in 2019, with a year-on-year growth of 6.4%. The four fields of power and heating supply, manufacturing, residential life and transportation are still the largest carbon emissions in the province, which account for 97.2% of the overall emissions. Considering the uncertainty of future energy transformation, the EKC-STIRPAT model is used to construct multi-scenario prediction. The conclusions show that: under the scenarios of baseline, accelerating transformation and deep optimization, Fujian Province will reach carbon peak in 2030, 2028 and 2026 respectively, with peak emissions of 359 million tons, 337 million tons, and 319 million tons, respectively. In different scenarios, the time difference of reaching carbon peak between each industry and the whole society maintains the same. In order to reach carbon peak as soon as possible, Fujian Province should establish and improve the carbon emission reduction policy system, accelerate the green transformation of the energy structure, actively promote low-carbon emission reduction in the industrial field, and comprehensively promote the innovation and development of low-carbon technologies.

**Keywords**: Carbon Emissions; Carbon Peak; Carbon Emission Reduction; EKC-STIRPAT Model

# B.3 Analysis Report on Fujian Carbon Sinks in 2022

*Chen Keren, Lin Xiaofan and Li Yinan / 036*

**Abstract:** Carbon sinks play a vital role in slowing down global warming and achieving carbon neutrality. Fujian Province attaches great importance to the development of carbon sinks. In terms of carbon sinks generation, Fujian has taken the lead in establishing the forest chief system, and has carried out the treatment projects of mountains, rivers, forests, fields, lakes and grasses, and the treatment projects of coastal zone. In terms of carbon sinks appreciation, Fujian has launched forestry carbon tickets and carbon sinks funds. In terms of carbon sinks applications, carbon sink application scenarios such as conference carbon neutrality, "One-yuan carbon sinks" applet, forestry carbon sink index insurance, "ecological justice + carbon sinks", carbon neutral air tickets, etc. have been launched. Looking forward to the development trend of carbon sink, Fujian Province is constantly enriching the carbon sinks appreciation model and gradually forming a zero-carbon social trend. In the next stage, Fujian Province will carry out further work in improving forestry carbon sink capacity, strengthening potential research on carbon sinks, implementing financial innovation on carbon sinks, and promoting the popularization of carbon sinks knowledge.

**Keywords:** Carbon Sinks Generation; Carbon Sinks Appreciation; Carbon Sinks Application

# B.4 Analysis Report on Fujian Carbon Market in 2022

*Chen Han, Lin Xiaofan and Li Yinan / 046*

**Abstract:** In 2021, the national carbon market has officially launched, and China has entered the stage of dual-track operation of the national carbon market and the pilot carbon markets. 40 emission-controlled enterprises in the power generation industry in Fujian will be placed under the national carbon market for

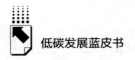

trading. At the same time, Fujian carbon market has further expanded the scope of emission-controlled enterprises and improved the quota allocation mechanisms. By the end of 2021, there were 284 emission-controlled enterprises in Fujian carbon market, with an annual cumulative transaction volume of 13.579 million tons and a cumulative transaction value of 260 million yuan, both of which have increased significantly over the previous year. However, Fujian carbon market still has limitations such as insufficient legal binding force and the lack of financial derivatives promotion at present. In the next stage, it is recommended that Fujian further work on improving the data management system for carbon market, optimizing the quota allocation model, enriching the trading products in Fujian carbon market, and intensifying supervision, so as to contribute to reducing emissions as an effective market.

**Keywords:** Carbon Market; Carbon Quota; Carbon Trading

## **B**.5  Analysis Report on the Development of Low-carbon Technology in Fujian for 2021

*Chen Keren, Chen Simin, Chen Wanqing and Xiang Kangli* / 055

**Abstract:** Energy, industry and transportation are the three major sources of carbon emissions. The development and application of low-carbon technologies in various fields are the key to achieving carbon peak and carbon neutrality. In the field of energy, clean energy technologies such as wind power, photovoltaic (PV), nuclear power and biomass power generation have developed rapidly. In 2021, the installed capacity of wind power in Fujian Province reached 7.35 million kW, with a year-on-year growth of 51.2%; the installed capacity of PV reached 2.77 million kW, with a year-on-year growth of 36.9%; the installed capacity of nuclear power reached 9.86 million kW, with a year-on-year growth of 13.2%. In the industrial field, direct reduction ironmaking technology and electric arc furnace steelmaking technology in the iron and steel industry have developed rapidly; carbon-free electrolytic aluminum technology, rotary floating smelting technology and nonferrous metal recovery and recycling technology in the nonferrous metal industry continue to iterate; technologies such as crude oil steam cracking technology and shift gas alkali production technology in petrochemical and chemical industry lead process innovation; collaborative waste disposal technology of cement kiln, raw material substitution technology, energy-saving process transformation technology and carbon capture, utilization and storage (CCUS) technology in the building materials industry have promoted energy conservation and carbon reduction in the cement production process. In the field of transportation, the development of power battery technology and the improvement of charging facilities promote the penetration rate of new energy vehicles and the development of port shore power technology and battery power technology promote the gradual application of new energy ships; electric locomotive technology takes the leadingposition in the world and is widely used in China. In the context of the nationwide in-depth promotion of the goal of carbon peak and carbon neutrality, it is expected that the proportion of clean energy supply in Fujian Province will continue to increase in 2022, industrial energy-saving and consumption-reduction technologies will become the key point of development, and new energy vehicles will be widely used.

**Keywords**: Low-carbon Technology; Clean Energy; Industry Emissions Reduction; Low-carbon Transportation

**B**.6　Analysis Report on Fujian Carbon Control and Reduction

　　　　Policies in 2022

*Zheng Nan, Chen Simin, Cai Qiyuan and Li Yuanfei* / 084

**Abstract**: Continuously promoting and improving the carbon control and reduction policy system can point out the direction for carbon emission reduction and provide a strong starting point for advancing the process of carbon peak and

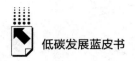

carbon neutrality. In 2021, Fujian Province issued relevant policies proposing to promote the energy-saving transformation of high energy-consuming industries, expedited the cultivation of new industries, and facilitated the green and low-carbon upgrade of industrial structure; clarified and improved the statistical monitoring system of carbon emissions, and accelerate the construction of low-carbon standard evaluation system; sped up the research on marine carbon sink investigation and accounting methodology, and continuously improved the carbon sink capacity of the ecosystem; improved the environmental equity trading market and encouraged the development of low-carbon technologies by market-oriented means; continued to deepen low-carbon pilot program and actively explored low-carbon development paths. It is expected that Fujian Province may formulate more scientific and orderly carbon reduction goals in the next stage, further improve the policy system of coordinated efforts, promote the deepening and implementation of pilot program, strengthen the assessment of dual carbon work, and provide policy basis for achieving carbon peak and carbon neutrality.

**Keywords:** Carbon Control and Reduction; Industry Optimization; Carbon Sinks; Low-carbon Pilot Program

## B.7 Analysis Report on Fujian Carbon Neutrality in 2022

*Chen Jinchun, Zheng Nan and Li Yuanfei / 100*

**Abstract:** Carbon neutrality is an extensive and profound social systemic change, which requires all regions to formulate layout as soon as possible and make promotion as a whole. Fujian Province has a high degree of clean energy structure and leading energy utilization technology in the country. It has certain advantages in the promotion of carbon neutrality. However, the industrial structure is heavy, and the layout of key technologies such as carbon capture, utilization and storage, and hydrogen energy is lagging behind, which may become the constraints of provincewide deep decarbonization in the future. At present, the country and Fujian Province have explored and carried out carbon neutrality pilot program at the four levels of communities, industrial parks, large-scale events and buildings, providing experience and reference for Fujian Province to further deepen the carbon neutrality pilot work. To fully promote the carbon neutrality process, Fujian Province should focus on the following four major areas of emission reduction: strengthening the construction of flexible resources in the energy supply industry, improving the level of clean energy utilization, building a new energy system with electricity-hydrogen synergy; optimizing production processes and clean energy utilization technologies in manufacturing, and strengthening the treatment of fossil energy combustion emissions; promoting the upgrade of clean vehicles and breakthroughs of clean power technology in the transportation sector; promoting the low-carbon development of daily travel and building energy use in the residential sector.

**Keywords:** Carbon Neutrality; Carbon Emissions; Carbon Neutrality Pilot Program

# III　Energy Governance Reports

**Abstract:** Fujian is rich in clean energy and power resources, where the new energy industry is developing rapidly. The exploitable capacity of offshore wind power has reached more than 70GW as surveyed, and the economically and technologically feasible installable capacity of nuclear power has reached 33GW. An entire industry chain system for offshore wind power integrating equipment technology research and development, equipment manufacturing, construction and installation, operation and maintenance has been formed in Fujian. A heterojunction cell with a maximum conversion efficiency of 25.31% has been developed in Fujian, setting a new world record for the conversion efficiency of mass-produced heterojunction cells. At the same time, Fujian is located at the

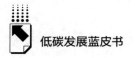
intersection of the Yangtze River Delta, Guangdong-Hong Kong-Macao Greater Bay Area and other regions, aggregatingpolicy advantages such as the ecological civilization pilot area, the core area of the 21st Century Maritime Silk Road, etc. However, Fujian is also faced with challenges such as large uncertainties in the development of offshore wind power, inadequate facilities of clean energy transportation across provinces, rising security pressure of energy power supply, increasing costs of energy demand and supply. On this basis, Fujian should give full play to its own advantages, make further efforts to fully tap resource potential, continue to expand industrial advantages, coordinately promote system upgrades, and step up the improvement of long-term mechanisms, so as to build a southeast clean energy hub, contributing to nationwide carbon peak and carbon neutrality.

**Keywords:** Clean Energy Hub; Clean Power; Southeast Coast

**B**.9 Report on the Development of the New Energy Industry
in Fujian *Chen Wanqing, Li Yinan and Du Yi* / 118

**Abstract:** In recent years, the new energy industry in Fujian has developed rapidly. An entire industry chain system for offshore wind power has been established, with strong capabilities of wind turbine manufacturing and the leading position of multiple technologies in the industry. Relying on the foundations of resources and technologies, it shows great development potential in the photovoltaic industry. An energy storage industry cluster with international competitiveness has been formed, relying on leading enterprises. A certain foundation has been accumulated in hydrogen energy supply and technology research. In the next step, Fujian should complete the top-level design and pay more attention to new technology and applications. It is necessary to boost new energy industries upgrading with four-wheel drivers of wind, photovoltaics, storage, and hydrogen, and enhance the competitiveness of the industry.

**Keywords:** New Energy Industry; Offshore Wind Power; Photovoltaic; Hydrogen Energy

**B**. 10   Analysis Report on the Development of Product Carbon

Footprint          *Chen Jinchun, Chen Simin and Xiang Kangli /* 126

**Abstract**: Studying the product carbon footprint can help enterprises to formulate effective carbon emission reduction plans, contributing to the achievement of green transformation. In terms of evaluation standards, there are already mature and applied product carbon footprint evaluation standards in foreign countries with an early start, while China has released industry standards, local standards and group standards related to product carbon footprint with limited types of products. In terms of evaluation process, the product carbon footprint evaluation process at home and abroad is basically the same, mainly including three steps: determination of evaluation goals, carbon footprint accounting, analysis and improvement. In terms of application, the development of product carbon footprint abroad is relatively mature, while domestic product carbon footprint is still in the pilot stage with overall low popularity and accounting rules and supervision to be further improved. In order to promote the development and application of product carbon footprint in Fujian Province, it is recommended to establish and improve the product carbon footprint standard system, consolidate and improve the evaluation and supervision system for product carbon footprint, and pilot to promote the application of product carbon label.

**Keywords**: Product Carbon Footprint; Carbon Footprint Evaluation; Carbon Footprint Accounting; Carbon Label

**B**. 11   Analysis Report on Methane Emission Reduction at Home

and Abroad          *Lin Xiaofan, Xiang Kangli /* 141

**Abstract**: In order to achieve the global goal of temperature rise control in the Paris Agreement, since the 21st century, many countries and regions have begun to pay attention to the strong greenhouse gas such as methane, and have

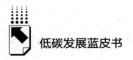
made a number of methane emission reduction commitments. In terms of emissions, methane emissions account for about 10% of greenhouse gas emissions, including natural emissions and anthropogenic emissions, accounting for about 40% and 60% respectively. Among them, agriculture, the fossil fuel sector and waste sector are the main sources of anthropogenic methane emissions, and the three together account for about 95% of the total anthropogenic methane emissions. In terms of emission reduction measures, countries and regions such as Occident mainly promote methane emission reduction by formulating emission reduction targets, improving emission reduction related systems, and applying emission reduction technologies. China has started to focus on methane emission reduction at the national level in 2021. In general, methane emission reduction has become an important measure to combat climate change. At the 26th Conference of the Parties of the United Nations Framework Convention on Climate Change in 2021, 105 countries around the world signed the "Global Methane Commitment" agreement, setting a target of reducing global methane emissions in 2030 by more than 30% comparing to that in 2020. In the next step, Fujian Province needs to speed up the formulation of methane emission reduction targets and action plans, establish and improve the monitoring, reporting and verification system for methane emission, and comprehensively enhance the innovation capability of methane emission reduction technologies.

**Keywords**: Methane Emission Reduction; Agriculture; Fossil Fuel Sector; Waste Sector

**B** . 12    Analysis Report on the Development of Green, Low-carbon
          and Circular Economy in Fujian      *Cai Qiyuan, Chen Han* / 155

**Abstract**: To establish and improve a green, low-carbon and circular economy system is an inevitable requirement for building a high-quality modern economy system. At present, the industry structure in Fujian has transformed from "secondary, tertiary, primary" to "tertiary, secondary, primary". And Fujian takes the lead in the innovation of the green production technology, distinguishes in the key industries of low-carbon development, and expedites resources recycle and reuse. But Fujian still faces constraints such as the throes of industrial transformation, low level of resources recycling and reusing, insufficient support capacity of green infrastructure, less accumulation of green technologies, unformed green consumption mode, and insignificant policy empowerment. The provinces and cities that started earlier have accumulated experience and practices in industrial upgrade, resource utilization, infrastructure construction, technology innovation, green lifestyle and guarantee mechanisms, which has reference significance for Fujian Province to accelerate the development of green, low-carbon and circular economy.

**Keywords**: Green, Low-carbon and Circular; Economy System; Green Economy

# Ⅳ　Reports on International Experience

**Abstract**: As the European Commission formally proposed the "Carbon Border Adjustment Mechanism" (CBAM) draft legislation, developed countries such as the United States and Canada have successively put forward proposals or policy ideas to impose carbon tariffs on some imported goods, causing an increasingly tense international trade situation. EU is one of the top three trading partners of Fujian Province, resulting in a profound impact on Fujian Province under the medium- and long-term implementation of CBAM. From the perspective of the impact of foreign trade, CBAM has deteriorated the international trade environment, which will weaken the export competitiveness of Fujian Province, compress the profit margin of enterprises, and even affect the structure

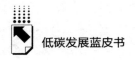
and mode of export trade. From the perspective of the impact of electricity consumption, it will increase the uncertainty risk of electricity consumption, accelerate the transformation and upgrade of power consumption structure, and improve management requirements of power consumption efficiency. From the perspective of the impact of the carbon and electricity market, it will increase the demand for green power supply in the electricity market and increase the pressure on the construction of the carbon market. Therefore, countermeasures and policies against CBAM need to be planned in advance.

**Keywords:** Carbon Border Adjustment Mechanism (CBAM); Carbon Tariffs; Carbon Leakage; Carbon Footprint; Low-carbon Barriers

**B**.14　Experience and Enlightenment of International Carbon
　　　　Peak and Carbon Neutrality　　*Chen Han, Lin Changyong* / 180

**Abstract:** By the end of 2021, 54 countries had reached carbon peak and 130 countries and regions had achieved or proposed the goal of carbon neutrality. European Union, the United States, Japan and other countries or regions promoted carbon peak and carbon neutrality by improving the machanisms of low-carbon development, advancing the reform of energy supply structure, promoting the green and low-carbon transformation of industries, and extensively conducting international cooperation and exchanges. The transition period from carbon peak to carbon neutrality in China is 30 years, which faces the many challenges such as short period, large base of emissions, high cost of emission reduction. Taking the experience of major countries, Fujian Province should further improve the green and low-carbon policy system, promote the green reform of energy supply, accelerate the optimization and upgrade of industrial structure, and explore the path of multi-national cooperation.

**Keywords:** Carbon Peak; Carbon Neutrality; Energy Supply; Industrial Transformation; Green Policy System

Contents ⟲

**Abstract**: At present, the proportion of installed capacity of new energy in Fujian Province is low. With the large-scale development of new energy, its volatility and randomness will also bring challenges to the safety the power system. Germany has made efforts to adapt to the rapid development of new energy from the sides of source, grid and load. Germany makes full use of flexible power supply and improves forecast accuracy to ensure electricity supply stability. Large-scale resource allocation and intelligent sensing control are used to improve the reliability of the grid. Controllable resources is used to improve the flexibility of load. The experience is valuable for Fujian Province to construct New Type Power System.

**Keywords**: New Energy; New Type Power System; Coordination of Source; Grid and Load; Germany

**Abstract**: As the main body of economic and social development, cities play an important role in promoting the process of carbon neutrality in the whole society. By the end of 2021, there isn't any city in the world that has achieved carbon neutrality yet, but some foreign cities such as Adelaide, Oslo, and Vancouver are actively exploring the development path of carbon neutrality. Among them, Adelaide realized supply-side decarbonization through the development of high-proportion clean energy, Oslo realized consumption-side decarbonization through the development of low-carbon transportation and low-carbon building heating, and Vancouver improved its carbon absorption capacity by

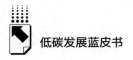
vigorously developing ecological carbon sinks and technological decarbonization. The above typical urban low-carbon development path provides experience and reference for Fujian Province to promote urban carbon neutrality. Fujian Province can further plan from four aspects: top-level design, clean energy supply, construction of smart low-carbon urban transportation system, and improvement of carbon removal capacity. The development path for city carbon neutrality that suits Fujian's own characteristics helps the whole society to realize net zero emissions.

**Keywords:** Carbon Neutrality; Typical Cities; Renewable Energy

## B.17   Experience and Enlightenment of National Grid PLC and Electricite De France in Promoting Carbon Emission Reduction

*Yu Dong, Zhang Siying, Cai Wenyue and Li Yinan / 208*

**Abstract:** Climate change has prompted more and more countries around the world to pay attention to the low-carbon transformation of the power industry. National Grid plc and Electricite de France have carried out a lot of work in low-carbon development, mainly including the following actions: promoting safety and low-carbon work to go hand in hand through scientific adjustment of the power structure, strengthening wide area allocation of energy, and promoting the large-scale transmission of wind power; effectively reducing production and operation emissions through orderly taking SF6 equipment offline, vigorously promoting user energy efficiency plans, and actively implementing virtual power plant projects; promoting the clean use of energy in the whole society by establishing carbon reduction standards for all employees, carrying out carbon footprint prediction management, and releasing the value of electricity-carbon data. Therefore, it is suggested that the power industry in Fujian Province should learn from relevant experience and make efforts in three aspects: system transformation, production and operation, and behavior management to better serve the realization of carbon peak and carbon neutrality.

**Keywords**: Carbon Emission Reduction; Power Industry; National Grid plc; Electricite de France

## **B**.18  Analysis Report on Global Energy Shortage in 2021

*Xiang Kangli, Chen Guannan* / 219

**Abstract**: In 2021, a global energy shortage had a serious effect on the domestic and overseas economy at different level, which is characterized by an overall surge in energy prices, markedly tight energy supply – demand relationship, and a large scope of influence. The economic recovery, weather changes, and low-carbon transformation of the energy industry are the main factors of the energy shortage. The global energy shortage has compressed the profit margins of enterprises in Fujian, lowered the provincial economic growth rate, and enlarge the power supply pressure of the province. Next, Fujian should draw some lessons from the global energy shortage, consolidate the foundation of energy supply security from the aspects of energy transformation, coordination between government and market, and improvement of the anti-risk ability of the power system.

**Keywords**: Global Energy Shortage; Energy Price; Low-carbon Transformation; New Energy

社会科学文献出版社

# 皮 书

## 智库成果出版与传播平台

### ❖ 皮书定义 ❖

皮书是对中国与世界发展状况和热点问题进行年度监测，以专业的角度、专家的视野和实证研究方法，针对某一领域或区域现状与发展态势展开分析和预测，具备前沿性、原创性、实证性、连续性、时效性等特点的公开出版物，由一系列权威研究报告组成。

### ❖ 皮书作者 ❖

皮书系列报告作者以国内外一流研究机构、知名高校等重点智库的研究人员为主，多为相关领域一流专家学者，他们的观点代表了当下学界对中国与世界的现实和未来最高水平的解读与分析。截至 2021 年底，皮书研创机构逾千家，报告作者累计超过 10 万人。

### ❖ 皮书荣誉 ❖

皮书作为中国社会科学院基础理论研究与应用对策研究融合发展的代表性成果，不仅是哲学社会科学工作者服务中国特色社会主义现代化建设的重要成果，更是助力中国特色新型智库建设、构建中国特色哲学社会科学"三大体系"的重要平台。皮书系列先后被列入"十二五""十三五""十四五"时期国家重点出版物出版专项规划项目；2013~2022 年，重点皮书列入中国社会科学院国家哲学社会科学创新工程项目。

# 权威报告·连续出版·独家资源

# 皮书数据库
## ANNUAL REPORT(YEARBOOK)
## DATABASE

## 分析解读当下中国发展变迁的高端智库平台

### 所获荣誉

- 2020年，入选全国新闻出版深度融合发展创新案例
- 2019年，入选国家新闻出版署数字出版精品遴选推荐计划
- 2016年，入选"十三五"国家重点电子出版物出版规划骨干工程
- 2013年，荣获"中国出版政府奖·网络出版物奖"提名奖
- 连续多年荣获中国数字出版博览会"数字出版·优秀品牌"奖

皮书数据库

"社科数托邦"
微信公众号

### 成为会员

登录网址www.pishu.com.cn访问皮书数据库网站或下载皮书数据库APP，通过手机号码验证或邮箱验证即可成为皮书数据库会员。

### 会员福利

- 已注册用户购书后可免费获赠100元皮书数据库充值卡。刮开充值卡涂层获取充值密码，登录并进入"会员中心"—"在线充值"—"充值卡充值"，充值成功即可购买和查看数据库内容。
- 会员福利最终解释权归社会科学文献出版社所有。

数据库服务热线：400-008-6695
数据库服务QQ：2475522410
数据库服务邮箱：database@ssap.cn
图书销售热线：010-59367070/7028
图书服务QQ：1265056568
图书服务邮箱：duzhe@ssap.cn

社会科学文献出版社 皮书系列
SOCIAL SCIENCES ACADEMIC PRESS (CHINA)

卡号：323599452246
密码：

# S 基本子库
## SUB DATABASE

## 中国社会发展数据库（下设 12 个专题子库）

　　紧扣人口、政治、外交、法律、教育、医疗卫生、资源环境等 12 个社会发展领域的前沿和热点，全面整合专业著作、智库报告、学术资讯、调研数据等类型资源，帮助用户追踪中国社会发展动态、研究社会发展战略与政策、了解社会热点问题、分析社会发展趋势。

## 中国经济发展数据库（下设 12 专题子库）

　　内容涵盖宏观经济、产业经济、工业经济、农业经济、财政金融、房地产经济、城市经济、商业贸易等 12 个重点经济领域，为把握经济运行态势、洞察经济发展规律、研判经济发展趋势、进行经济调控决策提供参考和依据。

## 中国行业发展数据库（下设 17 个专题子库）

　　以中国国民经济行业分类为依据，覆盖金融业、旅游业、交通运输业、能源矿产业、制造业等 100 多个行业，跟踪分析国民经济相关行业市场运行状况和政策导向，汇集行业发展前沿资讯，为投资、从业及各种经济决策提供理论支撑和实践指导。

## 中国区域发展数据库（下设 4 个专题子库）

　　对中国特定区域内的经济、社会、文化等领域现状与发展情况进行深度分析和预测，涉及省级行政区、城市群、城市、农村等不同维度，研究层级至县及县以下行政区，为学者研究地方经济社会宏观态势、经验模式、发展案例提供支撑，为地方政府决策提供参考。

## 中国文化传媒数据库（下设 18 个专题子库）

　　内容覆盖文化产业、新闻传播、电影娱乐、文学艺术、群众文化、图书情报等 18 个重点研究领域，聚焦文化传媒领域发展前沿、热点话题、行业实践，服务用户的教学科研、文化投资、企业规划等需要。

## 世界经济与国际关系数据库（下设 6 个专题子库）

　　整合世界经济、国际政治、世界文化与科技、全球性问题、国际组织与国际法、区域研究 6 大领域研究成果，对世界经济形势、国际形势进行连续性深度分析，对年度热点问题进行专题解读，为研判全球发展趋势提供事实和数据支持。

# 法律声明

"皮书系列"（含蓝皮书、绿皮书、黄皮书）之品牌由社会科学文献出版社最早使用并持续至今，现已被中国图书行业所熟知。"皮书系列"的相关商标已在国家商标管理部门商标局注册，包括但不限于LOGO（　）、皮书、Pishu、经济蓝皮书、社会蓝皮书等。"皮书系列"图书的注册商标专用权及封面设计、版式设计的著作权均为社会科学文献出版社所有。未经社会科学文献出版社书面授权许可，任何使用与"皮书系列"图书注册商标、封面设计、版式设计相同或者近似的文字、图形或其组合的行为均系侵权行为。

经作者授权，本书的专有出版权及信息网络传播权等为社会科学文献出版社享有。未经社会科学文献出版社书面授权许可，任何就本书内容的复制、发行或以数字形式进行网络传播的行为均系侵权行为。

社会科学文献出版社将通过法律途径追究上述侵权行为的法律责任，维护自身合法权益。

欢迎社会各界人士对侵犯社会科学文献出版社上述权利的侵权行为进行举报。电话：010-59367121，电子邮箱：fawubu@ssap.cn。

社会科学文献出版社